From Sensors to Intelligence Era

传感器与智能时代

褚君浩　李波◎著

上海科技教育出版社

作者简介

褚君浩　中国科学院院士，中科院上海技术物理研究所研究员、复旦大学光电研究院院长、华东师范大学教授、《红外与毫米波学报》主编。曾荣获国家自然科学奖三次，2014年被评为“十佳全国优秀科技工作者”，2017年获首届“全国创新争先奖”奖章、“2017感动上海年度人物”称号，2022年获“第十四届上海市大众科学传播杰出人物”称号，被誉为“心系科普的院士”。

李　波　复旦大学理学博士，现任华东师范大学物理与电子科学学院教授，担任《大学物理》《物理光学》等主干必修课程的教学工作。科研方向为光谱学，主要从事与光学传感器和光量子传感器中核心材料相关的研究工作。

内容提要

感知是认知的基础！随着代替并超越人类感官的电子器件——传感器的发展，我们感知到了更加丰富的信息，对世界的认识也变得更加清晰。飞速发展的科技列车带领我们驶入了智能时代，信息则是这列列车的燃料。信息感知是智能认知的基础，感知信息的传感器是智能时代的基石！

本书以通俗易懂的语言介绍了传感器的工作原理、分类、应用等方方面面的知识。从日常生活入手，以我们身边的事物为例，加上科学趣事的融入和古典诗词的点缀，从而进一步提升了读者的阅读体验。本书还展望了未来传感器在智能时代中扮演的角色，为读者提供了新的认识和视野，并在后记中特别寄语青少年读者，告诉他们如何培养在未来能够展翅高飞的潜能。

目 录

前 言

我们能欣赏“落霞与孤鹜齐飞，秋水共长天一色”的动人美景；

我们能聆听“鼓钟钦钦，鼓瑟鼓琴，笙磬同音”的天籁之音；

我们能细嗅“遥知不是雪，为有暗香来”的梅之幽香；

我们能品尝“鲜鲫银丝脍，香芹碧涧羹”的人间美味；

我们能感触“沾衣欲湿杏花雨，吹面不寒杨柳风”的微风徐来；

…………

我们能够感受到种种自然的美好，要感谢我们的眼睛、耳朵、鼻子、舌头和皮肤带给我们视觉、听觉、嗅觉、味觉和触觉这五种感觉。我们通过五感来获取信息，通过五感来认识世界。离开了五感，我们将失去与外界联系的桥梁，我们的大脑将接收不到任何信息，我们将不知“身”在何处……

随着文明的发展，人们渐渐认识到，人类的五感并不完美，我们无法感知很微弱的信息，我们无法分辨非常相似的信息，我们甚至对很多外界的信息也无法感知：我们看不到能使皮肤变黑的紫外线，我们听不到体检时B超设备发出的超声波……人类五感所能感知的信息，已经无法跟上人们不断探索世界的步伐。

科技的发展带给我们增强和拓展五感的可能。不仅在纵向上可以增强五感的能力，使我们能感觉到更微弱的信息，能察觉出更细微的不同……还可以在横向上将五感增加为六感、七感，以及更多，让我们拥有能感受磁场的本领，能洞悉他人内心想法的能力……为此，我们要寻找能够代替我们的眼睛看，代替我们的耳朵听，代替我们的鼻子闻，代替我们的舌头尝，代替我们的皮肤感觉的“器官”。这种能够感受信息、传递信息的器件，就是我们这本书的主角——传感器。

我国古代“四大发明”之一的指南针，就是一个简单的磁场传感器。它可以通过感受地磁来指明方向。我们的大脑对指南针指示的方向信息以及要前往的目的地进行分析，最终得出前进的方向和应走的路线。可以看出，传感器负责感知和传递信息，大脑负责处理和分析信息，并给出相应的反馈。

18世纪60年代，蒸汽机推动着人类社会的车轮驶入了第一次工业革命。机器代替手工开展劳动，以及交通运输领域的巨大革新，将人们从重体力劳动中解放出来。第一次工业革命极大地提高了生产力。率先完成第一次工业革命的英国成为了当时的世界霸主。19世纪70年代，电气化的发展将人类社会带入了第二次工业革命，进一步解放劳动力，生产力再一次得到了大发展。美、德、英、法、日等国相继完成第二次工业革命，进入帝国主义阶段。20世纪50年代，科学技术的发展带来了第三次工业革命，原子能的发现、电子计算机的发明，极大地改变了人们的生活方式。在上面这些过程中，传感器都发挥着极为重要的作用。

随着技术的发展和文明的进步，人们希望能将自身从这个处理信息并反馈的过程中解放出来，通过一定的技术方案来代替人脑工作，实现信息的自动处理和反馈。技术方案从最开始借助简单机械原理的自动运行，发展到了当下通过高性能中央处理器实现的自动控制。相应的系统变得越来越"聪明"，各式各样的智能器件出现在了我们的生活之中。放眼当下，我们已经进入智能化带来的第四次工业革命。种类丰富的传感器为我们提供了更加精准和多元的感知，高性能的中央处理器保证了对信息更加智能的分析和处理。由传感器和处理器组成的智能系统越来越多地出现在我们的周围。从狭义上来讲，当我们将这些传感器和处理器集中于独立的个体时，就能创造出机器人、智能汽车等会"思考"的机器。进一步从广义上看，当我们给所有的物品配备上相应的传感器，并实现万物互联时，将开启智能时代，构造出一个智能的生态系统，创造出一个智慧的地球。

就在这本书编写的这几个月里，美国太空探索技术公司（SpaceX）“星链”计划的卫星总数突破了三千颗；有史以来最大、最强、最复杂的太空望远镜詹姆斯·韦布空间望远镜发射成功并顺利展开至工作姿态，成功拍摄了多幅极具意义的宇宙照片……接连不断的科学大事件正是科技飞速发展的有力证明。我国的科技实力也有了大幅的提升：我国的“太空快递员”天舟四号发射成功并完成自动对接，神舟十三号载着宇航员成功返回，神舟十四号顺利将宇航员送入天宫空间站，长征八号火箭完成了创纪录的“一箭22星”……科技是第一生产力，科技强国才是真正的强国，我们要积极迎接第四次工业革命，在智能时代中大显身手。

第1章 感知自然的信息

1.1 人类感受不到的世界

“我们看到的、听到的、感受到的世界是真实的么?”这个问题不管是从哲学还是从科学的角度来看,都是一个有趣的问题。

只能看到头顶井口大小那一片天空的青蛙,只能摸到或是象腿、或是象鼻、或是象尾、或是象耳的盲人,都只是看到了事物的局部,而非全部。正如《汉书》所说:“以管窥天,以蠡测海,以莛撞钟,岂能通其条贯,考其文理,发其音声哉?”这句话的寓意是,靠狭隘的眼界、短浅的见识无法了解事物的规律和本质。西方哲学家柏拉图(Plato)设想了一群从小就生活在地穴中的囚徒,他们被锁链束缚着无法自由走动,也无法转头,只能看到前面墙壁上的影子。在他们后方有一些特定的人,通过火光将不同的器具投影到囚徒面前的洞壁上。囚徒自然认为影子是唯一真实的事物。如果有一个囚徒获释,转过头来看到了火光与物体,走出洞穴后看到阳光下的真实世界,他会意识到以前所认为的真实事物只不过是影像而已……这就是柏拉图在《理想国》中写下的著名的洞穴隐喻(图1.1)。柏拉图将洞穴之中的世界比喻为可见世界,而洞穴外面的世界则是可知世界。虽说"眼见为实",但就字面意义而言,思想家们对这个成语都保留了一定自己的看法。

图1.1 柏拉图的洞穴隐喻。

既然哲学家对"所感受世界的真实性"这一问题投了反对票,那么从科学的眼光来看又如何呢?我们不如先来回答几个简单的问题。

我们的眼睛能够看到所有的光么?既然光是一种电磁波,那么首先要问:我们是否能够看到所有的电磁波呢?很明显是不可能的,可以举出大量的反例来予以否定。我们看不到充满了周围空间的手机信号;我们看不到微波炉加热食物时发出的微波;我们看不到能够晒黑皮肤,也能用来杀菌的紫外光;我们看不到用来测温、理疗、遥控、夜视的红外光……其实人的眼睛能够看到的电磁波非常有限,我们称波长在400纳米到760纳米之间的这段电磁波为可见光,它在整个电磁波谱中只占了非常非常窄的一个窗口(图1.2)。

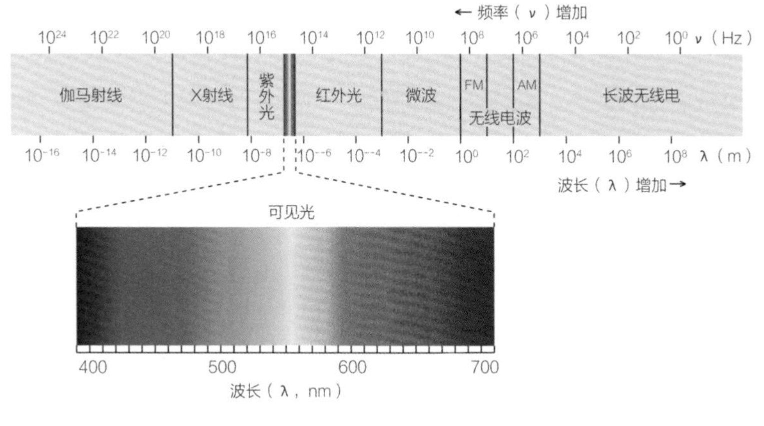

图1.2　电磁波谱。

我们可以打一个“有色眼镜人”的比喻，设想一个人从出生起就一直佩戴着一副有颜色（比如绿色）的眼镜。在镜片的作用下，他能看到的电磁波波长就在492纳米到577纳米之间，因此在他眼里所有东西都是绿色的：绿色的天、绿色的云、绿色的海……如果有一天，他摘下了眼镜，一定会先是非常惊讶，然后慢慢开始适应和了解这个新的、丰富多彩的世界。不妨想象一下，如果有一天，我们也摘掉了“可见光”这副眼镜，眼前将会看到什么样的景象？

当我们理解了人类的眼睛并不能看到所有的光，那么关于人的耳朵能否听得到所有声音这一问题的答案就变得显而易见了。超声波和次声波都是我们听不到的声音。我们无法像大象和鲸一样听到频率低于20赫兹的次声波，也无法像蝙蝠和海豚一样听到频率高于2万赫兹的超声波。

接下来的问题是:既然我们看不到所有的电磁波,那么我们能够看到所有的可见光么?你也许会觉得很奇怪,可见光不就是可以被看见的光么?其实不然,即使在可见光的范围内,如果发光物体太暗或者太亮,我们是无法看清它的真实形状的。我们的眼睛对于光的强度有一定的响应范围。当光强很弱时,人眼将无法对其响应;当光强超出人眼的感应极限时,那么即使在此基础上光强具有一定的细节变化,我们也无法对其进行分辨,正如我们无法通过直视烈日来观察其中可能存在的太阳黑子。强光的问题相对比较容易解决,我们只要想办法把进入眼睛的光变弱即可。在夏日似火的骄阳下戴上一副墨镜就是一个绝佳的方案。如果想要观察太阳黑子,可以找个雾霾天的黄昏时刻,如果同时又碰巧赶上黑子爆发期,那么你就有可能裸眼看到它们。关于太阳黑子公认的最早记载是《汉书·五行志》描述的发生在西汉河平元年(公元前28年)三月的太阳黑子现象:“三月乙未,日出黄,有黑气大如钱,居日中央”,这正是肉眼观测的结果。同样的道理,我们对于声音的强度也具有一定的响应范围,当声强超过120分贝之后,再好听的音乐给人们带来的只会是痛苦。

抱着打破砂锅问到底的态度,我们进一步追问:如果物体发出或反射的是可见光,强度也适中,那么就一定能够看到事物的真实面貌么?我们无法看清楚飞行中蜂鸟的翅膀(图1.3),比如数一数它有几根羽毛。其原因是人眼响应的光信号传递到大脑需要一定的时间,这就是人眼的时间分辨本领。一幅图像消失后,在人的脑

图 1.3 飞舞的蜂鸟。

海里还会短暂存在一段时间。基于上述视觉暂留现象，当相邻的图片以短于人眼响应极限时间的间隔在眼前变换时，我们将不再看到独立的照片，而是连续的动态过程。我们日常观看的电影，其实1秒钟只播放24张胶片（专业术语称之为24帧），在这个变换速度下我们看到的就不是一张张胶片，而是一部连贯的影片了。随着科技的进步和拍摄技术的提高，现在已经拍摄出了每秒120帧的电影。

看到这里，当我们认识到人类无法看到可见光之外的色彩，大家也许会有些许失落，原来我们每个人都像是摸象的盲人，只能看到真实世界的一部分。为什么我们只能看到大约400纳米到700纳米波长的电磁波，而对紫外光和红外光无法响应？这应该是人类进化过程中自然选择的结果。日间活动使我们的眼睛选择了感受日光，能量最优和效率最高原则进一步教会我们感受日光中强度强、能量高的波段（图 1.4），也就是我们可以看见的“可见光”。这样才能在有限的条件下，以最少的代价来获得尽可能多的信息。因此，我们无须沮丧，这样一种有限光波长范围的感知其实是对我们来说最有利的选择。

我们对世界的感知源于和被感知物有一定的相互作用。如果存在一种物质，和我们之间没有任何已知的相互作用，或者即使有，也是在当下无法感知到的相互作用，那么我们是无法看到它、听到它或者感受到它的。比如，理论预言中的暗物质大量存在于宇宙之中，可惜它和我们之间没有任何相互作用，也就是我们对它

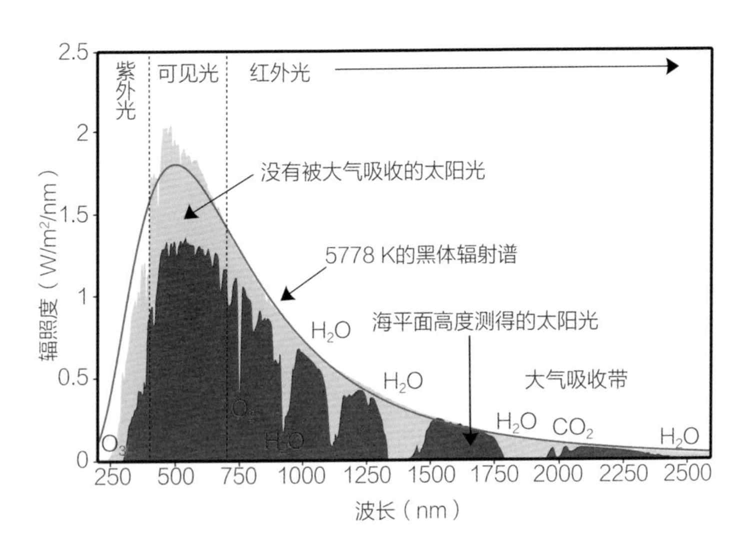

图 1.4　太阳光光谱，可见光为能量最强的波段。

没有一点点感觉,因此我们无法感受到它的存在。如果理论正确,现在正有大量的暗物质像幽灵一样穿过你我的身体,而我们却无法察觉。

当我们认识到自己无法感知所有信息后,人类天性之一的好奇心驱使着我们想去了解尚未被全面感知的精彩世界,想去感受它的美妙和神奇。虽然身体结构限制了我们对世界的认识,但是我们有探索的精神,我们有求知的智慧。人类文明重要的标志是制造工具和使用工具,我们可以创造出工具来观看井外的天空,来感知曾经无法触及的世界。随着科学技术的发展,用来感知不同信息的器件相继问世,我们也"听"到了越来越多的声音,"看"到了越来越多的色彩。这些帮助我们去听、去看、去感受未知世界的工具被称作"传感器",即可以感知信息并传递信息的器件。在传感器的助力下,我们收集到了越来越多的拼图碎片,正在逐步还原真实的世界。

1.2 生活中的传感器

传感器早已经深深地融入了我们的生活中,只要你用心寻找,几乎在任何角落都能发现传感器的影子。

当你拿起手机解锁屏幕时,指纹传感器读取了你的指纹,或者摄像头对你的面部进行了拍摄,然后将相关信息传递给中央处理器进行比对来实现指纹或者面部识别解锁。有读者会问,既然面部识别是通过拍摄的照片来读取特征信息,那么用一张大小相当的照片来代替真人不就也可以达到解锁的目的么?还有,在晚上黑暗的环境中,或者其他无法拍照的情况下,又是如何通过面部识别来解锁呢?为了填补这些漏洞,具有面部识别功能的手机同时还配备了光度传感器、近距离传感器、红外传感器、红外照明和点阵投影器等模块。光度传感器的作用是感受环境光的强度并告知中央处理器,如果处理器发现光线太暗,将自动开启红外照明来补光,就好比在光线不足的环境中拍照需要额外加入光源来补光一样。点阵投影器和近距离传感器配合工作,将获得面部不同位置到摄像头的距离,结合红外传感器(补光光源为红外光)所成的像,最终获得三维的人脸信息。三维面部识别技术和二维的相比大大提高了安全性,杜绝了通过照片解锁的风险。红外补光和拍照则帮助我们在黑暗的环境中也可以轻松解锁屏幕。我们可以看到,仅仅是解锁屏幕这个操作,就涉及了指纹传感器、图像传感器(摄像头)、光度传感器、近距离传感器和红外传感器这五种传感器(图1.5)。当然,这些传感器也并不一定只服务于解锁屏幕这一项功能。比如,中央处理器会通过光度传感器所测得的环境光强信息来改变屏幕的亮度,从而实现屏幕亮度随着环境明暗程度不同而自动调节,方便我们在不同的环境光强下都能清晰地看清屏幕所显示的内容。

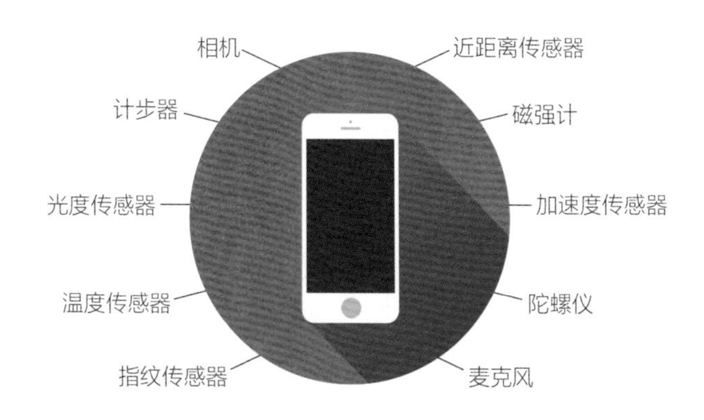

图1.5　手机里的传感器。

手机中还有用来测量转动角度的陀螺仪、用来感知运动姿态的加速度传感器和重力传感器、用来反映海拔高度的气压传感器、用来接收卫星信号的GPS(全球定位系统,Global Positioning System)传感器,这些传感器的组合赋予了手机导航的能力。手机中还有许多其他类型的传感器,每加入一个新的传感器,手机的功能就会得到一定的拓展或增加,手机也就变得比原来更加聪明,更加智能!如今的智能手机更像是一个智能终端,接打电话已经不再是它的主要功能。

除了智能手机,生活中的传感器还有许许多多,它们可以说无处不在,为我们的生活提供便利。

很多商店的大门都会为了迎接顾客的光临而自动打开,在这里传感器代替门迎欢迎你的到来。

很多公共场所的盥洗室选用了更加卫生的感应式水龙头，水龙头里的传感器给我们带来了无接触清洁的效果，有效地阻断了细菌病毒的传播，保障了卫生安全。

在力传感器、热传感器、光传感器的加持之下，马桶学会了自动开/关盖、自动冲水等本领，成为了智能马桶。

为了保证大家安全出行，交警需要对驾驶员是否酒驾开展排查。如果通过抽血来进行检查，那么这将是一项繁琐而耗时的任务。因此，我们用专门感知酒精的传感器来“闻一闻”驾驶员呼出的气体中有没有酒味，从而判断被测者是否饮酒。交通警察手中用来检查酒驾的呼气式酒精含量检测仪里的核心部件正是这种传感器。

能够像鼻子一样具有嗅觉功能的，还有用来预防火灾的烟雾探测器，以及空气净化器里专门用来测量甲醛含量的甲醛传感器。

健康是当下人们最为关心的话题，体检中几乎每一个项目都用到了传感器。电子体重计、心电图、B超、X光片、骨密度、血液检测等，都涉及相应的传感器。现在，一些传感器被集成在可穿戴设备上，从而实现了对身体健康情况的实时监测。当下最具代表性的可穿戴设备非智能手表莫属，除了显示时间，它还具有测心率、记步数等功能。2021年12月发布的华为WATCH D智能手表，不仅可以检测并生成心电图(ECG)和监测血氧饱和度,还首次加入了测量血压的功能,分别涉及压力传感器、ECG传感器和光电传感器。也许在不远的将来,我们可以在体内植入一些微型传感器芯片来全天候监测身体的健康状况,从而实现对自身最好的保护。

拍照是当今社会人们的一项基本技能,当你按下快门的瞬间,风景也好,人像也罢,都将被镜头后的CCD(电荷耦合器件,Charge-Coupled Device)传感器“看”到并记录下来。除了相机里的摄像头,还有用来监控的摄像头,这些能够像眼睛一样“看”的系统都离不开里面的CCD等图像传感器。

空调、电冰箱、电饭锅、电水壶、电烤箱等能够实现对温度的自动控制,是因为它们都用到了模仿人类皮肤感知冷热的温度传感器。

手机信号、无线网络、蓝牙传输信号等都属于电磁信号,相应的手机终端、无线网卡、蓝牙接收器也就需要具有感知电磁信号的传感器。

人类五感所感受到的信息都是以电信号的形式传递给大脑,大脑在处理信息的过程中也伴随着脑电活动。因此,不管是医学辅助检查,还是对人脑的探索研究,都可以借助电磁传感器来捕捉人脑活动时产生的脑电波(图1.6)并绘制脑电图(Electroencephalogram, EEG)。

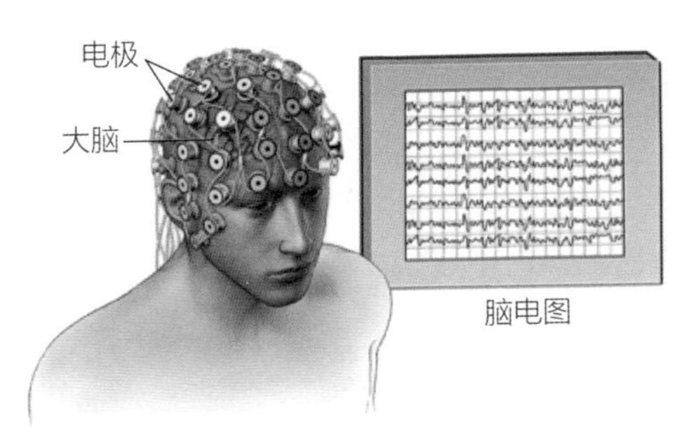

图 1.6　脑电波分析系统。

……

传感器已经融入了我们的生活中，融入了工业和农业生产中，融入了科技活动和国防事业中。我们身边的传感器可以说举不胜举，大家不妨观察一下，看看能找出哪些传感器并了解它们的用途。

1.3　光、声、热、电、磁的转换

通过前面的介绍，我想大家已经对传感器有了初步的理解。那么传感器的准确定义是什么？国家标准 GB/T 7665–2005（GB 是“国标”二字的拼音首字母，T 是“推”字的拼音首字母，7665 是编号，2005 是这份国家标准发布的时间）给出了传感器的通用术语：

传感器（transducer/sensor）：能感受被测量并按照一定的规律转换成可用输出信号的器件或装置，通常由敏感元件和转换元件组成。

敏感元件(sensing element):指传感器中能直接感受或响应被测量的部分。

转换元件(transducing element):指传感器中能将敏感元件感受或响应的被测量转换成适于传输或测量的电信号部分。

传感器的使命是感知并传递信息。其中感知信息是传感器的核心任务。当我们想要获取某个信息时,需要找到与其相匹配的传感器。这就好比我们想要欣赏一幅山水画,需要用我们的眼睛去看而不是用耳朵去听一样。所以我们需要用许多不同种类的传感器来感知不同的信息,包括用来感受光信号的光电传感器,用来测量温度高低的温度传感器,用来判断是否有力学接触的压力传感器……

需要强调的是,传感器感知信息并传递给中央处理器,并不是简单地收发信息,并不是简单地通过一面镜子把待感知的光线直接反射进入中央处理器,也不是通过一个热传导效率很高的材料将被测物体的冷热情况直接传递给中央处理器。这样的器件只能称为“传输器”,并没有具备感知的功能。感知不仅要能够感受到相关信息,还需要把这些信息转换成中央处理器能够读懂的语言。

我们的科学技术已经发展到可以操控原子来寻找物质的起源,可以出征太空去探索宇宙的奥秘。即便如此,我们目前能够直接读取和处理的信号只有电信号。因此,不管传感器是为了实现何种功能而设计的,都需要将感知到的信号通过相应的物理机制转换为电信号,然后再传递给中央处理器进行运算处理。传感器就是这样一种器件,它能把光、声、热和电磁等信息通过一定的技术方法转换成容易控制处理的电信号。比如我们经常用到的光电传感器,它的功能就是感知光信息并将其变为电信号然后传输。

那么光、声、热和电磁信息是如何转换为电信号的呢?我们知道,能量可以在光、声、热和电磁等形式之间相互转换。你只需略加观察,就会发现身边有很多这样的实例。当我们打开电灯的开关,灯泡就会发光,这正是将电能转变为光能;阳光照射在太阳能电池上,电路中就会有电流流过,对应的是光能转化为电能;阳光能驱散寒冷,是因为光能转换成了热能,从而带来了温暖;当我们打开音响聆听美妙的音乐时,电能转变成了喇叭振动膜的机械能,从而发出了声音;当我们拿起话筒放声高歌时,声音携带的能量则转变成为了电能;电水壶烧水、电饭锅煮饭是将电能转变为热能,而火电厂发电则通过热能来产生电能。能量之间的相互转换都有一定的物理机制与其相对应。这也就保证了不管想要观测什么信息,我们几乎都能找到一定的机理来将待观测信号转变为电信号。有时是将待感知的信息直接转变为电信号;有时则采用间接的办法,借助一定的物理原理,将待感知的物理量换成另外一种物理量，然后再将新的物理量转为电信号。比如基于气体对光的反射、吸收或散射不同，通过感知光信号的变化，来间接反映出气体的信息。利用磁场对光偏振态具有一定的调制作用，可以通过偏振态的改变来间接测量出磁场的强度。这样的间接方案有非常多种可能的形式。

通过直接或者间接的方法，我们可以观测的对象除了基本的力、热、声、光、电磁现象之外，还可以是反物质、引力波等。可以看出，只要两种物理现象之间存在一定的相互作用，它们所携带的信息就能够相互转换。当我们利用一定的物理过程将光、声、热、电磁等信息转换为电信号时，就实现了传感器的感知功能。我们人类与生俱来的传感器——眼睛、耳朵、鼻子、舌头和皮肤，就是将看到的、听到的、闻到的、尝到的以及触到的信息转换成电流后，传输给了大脑这个中央处理器。

1.4 传感器大家族

传感器已经遍及我们生活的各个角落，几乎可以说，目光所至皆为传感器。传感器的种类也五花八门，不同功能、不同用途的传感器比比皆是。据不完全统计，现有的传感器大约有3万多种，能够覆盖所有的产业。那么这么多传感器该如何分类呢？

按照被感知量的性质不同，可以将传感器分为物理量传感器、化学量传感器和生物量传感器，分别能感受一定的物理量、化学量和生物量并将它们转换成为可用的输出信号。

按照工作机理，可以分为结构型传感器和物性型传感器。结构型传感器是利用机械构件的变形检测被测量的传感器，而物性型传感器是利用材料的物理特性及其各种物理、化学效应检测被测量的传感器。

按照传感器输出的电信号是数字量还是模拟量，可以分为数字传感器和模拟传感器。输出信号为数字量或数字编码的是数字传感器。输出信号为模拟量的是模拟传感器。

按照其应用的物理原理也可以对传感器进行分类，比如利用压阻效应或霍尔效应，将被测的压力或磁场转换为输出信号的压阻式传感器或霍尔式传感器。

按照被测的物理量不同，可以分为压力传感器、红外传感器、磁场传感器、湿度传感器等。

按照实现的功能来分类，有用来“看”的可见光传感器、红外传感器、紫外传感器；有用来“听”的动圈麦克风、电容麦克风、超声波传感器、次声波传感器；有用来“闻”的气体传感器；有用来“品”的分子传感器;有用来“触”的压力传感器、温度传感器、湿度传感器。

按照工作原理的不同,可以分为将被测量的变化分别转换成为电容、电阻、电感或电压等物理量的电容式、电位式、电磁式或电压式传感器。同一个原理可以实现对不同类型的信息的感知。比如在电容式传感器中,就有将压力信息转换为电容变化的压力传感器,有通过不同湿度下湿敏材料的电容变化实现的湿度传感器等。在电阻式传感器中,有通过热敏效应将温度变化转换为电阻变化的温度传感器,通过磁阻效应将磁场变化转换为电阻变化的磁场传感器,以及基于气敏和湿敏材料电阻变化的气体传感器和湿度传感器等。电感式传感器中包含了基于压力引起电感变化的压力传感器,通过电涡流效应实现的磁传感器等。电压式传感器大类里可以找到通过热释电效应实现的温度传感器,基于光伏效应的光电传感器,利用压电效应实现的压力传感器,借助霍尔效应实现的磁传感器等。

按照传感器尺寸的大小分类,从小到分子级别的分子传感器,到手机里众多的微传感器;从相机里的光电传感器阵列,到太空望远镜上的光电焦平面,都各具特色、各逞其能。

按照传感器形态,分为固态传感器、液态传感器和气态传感器,也有常规的刚性传感器和用于仿生的柔性传感器等。

按照是否需要通过外部能源提供能量可以分为无源传感器(无需外界提供能量)和有源传感器(需要外部电源提供能量)。

除了单一功能传感器之外,还有将不同的敏感元件或传感器组合起来,形成具有多种功能的复合传感器;能够感受两种或两种以上被测量的多功能传感器;能够自诊断、自补偿、自适应的智能化传感器。

还有……

是不是已经被这错综复杂的分类搞得晕头转向了?这就好比我们对一个班级的同学进行分类,不同的分类方式将得出不同的分类结果。可以按照性别分为男生和女生;可以按照考试成绩分为及格的学生和不及格的学生;可以分为会打篮球的同学和不会打篮球的同学;还可以按照民族、籍贯、来自哪个地区、身高、体重,甚至宿舍门牌号等特征来进行分类。一个同学可以出现在不同的类别中,比如一个会打篮球的汉族女生。因此,一个传感器也很有可能出现在不同的类别中。

传感器的目标是对被测信息的感知,因此用于感知信息的敏感元件就是传感器中最核心的部分。感知光学信息我们有光敏材料,感知温度我们有热敏材料,感知湿度我们有湿敏材料,感知气体我们有气敏材料,等等。除此之外,有时还需要转换元件的协助。敏感元件是用来直接感受被测信息并输出响应信号的。如果敏感元件输出的信号并不能被直接处理,那么就需要转换元件将其转换为可处理的信号。

还有一些比较有趣的传感器:

"隐形墨水":以色列魏茨曼科学研究院开发了一种荧光分子传感器,它可以通过生成特定的荧光发射光谱分辨不同的化学物质,从而实现墨水的隐形和显形。

"神经灰尘":美国加州大学伯克利分校开发了一种大小为一立方毫米(即灰尘大小)的无线传感器,可植入人的体内,用以检测健康状况。

"人造毛发传感器":中国哈尔滨工业大学的研究人员采用 30 微米的细线代替毛发,可以通过细线传递信息。

"促睡眠传感器":这是一个智能的传感器系统,能自动调节灯光,控制温度,能播放舒缓的音乐促进睡眠,同时还会对用户每晚的睡眠状况进行评分。

…………

五花八门的传感器，种类繁多的传感器，不胜枚举的传感器，早已进入了我们的生活生产之中。传感器作为智能系统的核心器件之一，也将成为正在到来的智能时代的基石。

本书将从最基本、使用最为广泛的电磁波传感器开始介绍，然后单独用一章重点介绍红外传感器，因为其在军事、农业、科学等方面都有极为重要的应用。之后介绍那些比人类五官更灵敏的分子、压力、磁场、湿度传感器。在智能时代的到来和多重应用场景的要求下，超能传感器应运而生，本书将会介绍其中的柔性传感器、智能感知芯片和量子传感器。最后，让我们期待智能时代的到来，共同展望传感器和智能技术带来的新世界。

第2章

电磁波与传感器

2.1 波的世界

当我们拿起绳子的一端开始抖动，整根绳子就会跟着波动起来。同样的情形也出现在艺术体操运动员手里舞动的彩带，或是健身房里锻炼者甩起的战绳上。这就是机械波在绳子上传播的体现，我们赋予绳子的能量从一端传到了另一端。当我们感受到某一个信息时，其实是接收了该信息所带来的能量。我们可以说，波是能量的载体，也就是信息的载体，能量通过波来传播，也就意味着信息通过波来传递。

我们生活在波的世界之中，有牛顿力学描述的机械波，有遵循麦克斯韦方程组的电磁波，还有被广义相对论预言并已证实的引力波……当我在电脑上敲下这段话时，思考产生的脑电波决定了我要写下的文字，经过键盘的输入，显示出来的字符又以光波的形式传入了我的眼睛。这时，响起了钢琴曲《彩云追月》，是声波将琴弦的振动送入了我的耳朵。或许正好还有一列双星并合所产生的引力波穿过了我的身体，它是如此微弱，以至于我毫无察觉。

“河水清且涟猗”描述的水波，“忽闻岸上踏歌声”传来的声波，都属于机械波。机械波的产生源于弹性介质的力学行为，其特点是需要水、空气等弹性介质来实现传播。电磁波则是通过交变电场与交变磁场的相互感应来进行传播，这种电磁感应并不需要介质的参与，因此在没有介质的真空中电磁波也能够隔“空”传递。

照亮世界的光，不管是可见光，还是红外光或者紫外光，都属于电磁波。电磁波的范围非常宽广，波长覆盖了从千米量级甚至更长的宏观尺度到亚纳米量级的微观原子尺度，包含了无线电波、微波、红外光、可见光、紫外光、X射线和伽马射线。

我们的周围几乎充满了各个频段的电磁波（图2.1）。首先我们来看那些波长较长的电磁波。一列波的波长越长，也就越容易绕过障碍物，就像人比老鼠更容易跨过门槛一样。这也是为什么低频的声音可以比高频的声音传播得更远（频率和波长成反比）。因此，波长处于几米到几千米这个波段的电磁波，可以用来传播广播电视信号。

频率越高，波长就越短，能够承载的信息也就越多，可以使用的带宽就越大。传播距离和信息量就像鱼和熊掌一样不可兼得。为了拥有足够的带宽来保证通话的质量和蜂窝数据传输的速度，手机通信已经开始使用波长为毫米量级、频率在3.5吉赫兹和4.8吉赫兹左右的5G网络（第五代移动通信技术）。因为电磁波波长短

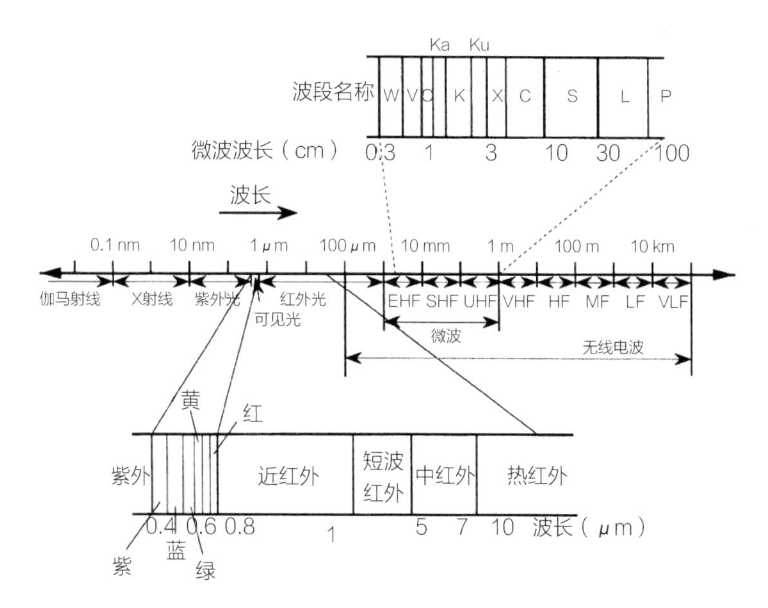

图2.1 各个频段的电磁波

了，信号的传播距离也短了，所以就要求我们建造许多可以发射和接收手机信号的基站来扩展信号的覆盖区域。在这个波段附近，还存在着家用WIFI网络的电磁波，频率为2.4吉赫兹或5吉赫兹。因为波长较短，在厘米量级，WIFI信号的穿墙本领并不是很强。对了，宇宙大爆炸时产生的背景辐射也正处在这个厘米级波段。

波长继续变短，来到了太赫兹波段。关于太赫兹波的应用还处于起步阶段，因此我们周围并没有太多该波段的电磁波。接下来进入了热红外区，这个区域内波长为10微米左右的电磁波(远红外)能与生物体内的水分子产生共振，因此被称为“生命光线”。有一些理疗产品就是以远红外的生命光线为噱头进行宣传的。远红外和中红外的电磁波更多出现在科学研究的实验室里，或是用于航空航天，以及军事等领域。在光纤宽带网络里，我们可以看到用来传输信号的近红外电磁波。当你按下电视遥控器的按键时，一束红外光带着你的指令飞驰而出，奔向电视端的红外传感器。

然后就是我们最为熟悉的可见光。是光照亮了世间万物，可以说是目光所至皆是“（可见）光”。随着波长变得越来越短，单个光子的能量就越来越强。再往下的电磁波，能量将会强到给人体组织带来一定的损伤，因此大家需要谨慎对待。首先是能够晒伤皮肤的紫外线，它同时也被用于医疗杀菌。进一步，我们来到了更加危险的X射线波段，不过大家不用过多担心，我们周围几乎没有这个波段的电磁波。只有在医院拍摄X光片或进行CT检查，以及进入机场或地铁进行安检时，你才会遇到它。最后来到了伽马射线波段，这是足以破坏细胞的电磁波，存在于太空之中。当它想要来访地球时，会被大气层拒之门外，因此我们在地球上只有在实验室中才能找到它的踪影。

不同波段的电磁波携带着不同的信息，反映着不同的物理过程。用不同的波段观测世界，将会带给我们不同的感受（图2.2）！每一个波段的电磁波在探索世界方面都拥有自己的独门绝技，就好像你分别戴着不同颜色的眼镜观察周围一样，每一种颜色下世界都展现出不一样的风景。

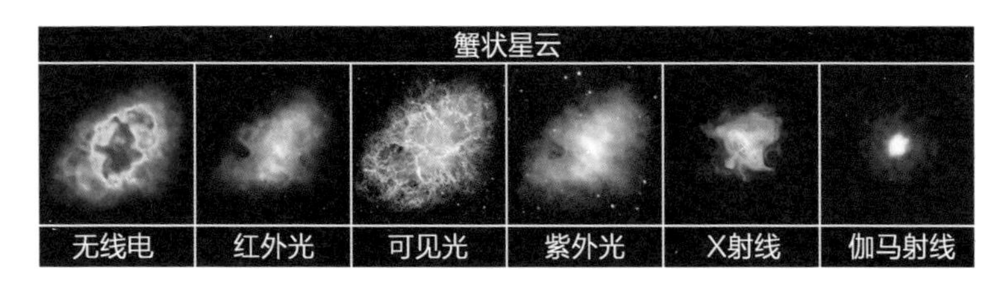

图2.2 不同电磁波段下的蟹状星云。

我们并不能亲身感受到所有的电磁波，只能看到可见光映照的世界。当可见光被外壳、表皮、烟雾等遮挡或散射时，我们无法洞察到事物内部的情况。但是，毕竟可见光只占了能够被感知信息里非常小的一部分，内部还有很多其他信息可以突破万难来到你的面前，只要你也具备相应的传感器，就能够感知这些信息。就好像你拥有了透视眼这项特异功能，一切信息都变得一望而知，炳若观火。

除了电磁波外，还有磁场等信息也能无视阻碍地奔向你。地质学家给无人机配备上磁传感器，在预定的区域上空飞上一圈，就可以获取该区域的磁场分布图。如果地下埋藏有金属矿，那么将会影响周围磁场的信息，因此哪里有矿、哪里没矿就变得一览无余。或者也可以通过光学传感器对不同区域的光谱进行采样，然后将测得的光谱曲线和数据库里保存的光谱曲线进行对比，如果发现有相似的特征，那就说明这个位置附近有可能蕴藏着矿产资源，可以开展更进一步的勘测。

不同的声波也在向我们传递着信息。美妙的音乐和刺耳的噪声,赞美声和批评声,都是我们能够听到的声波。地球的脉动、地震来临前夕和火山即将爆发时的警告声,都是我们无法听到的次声波。在大地震来临的前两周,地球会发出一段“低沉的声音”。这个声音的频率在0.001赫兹到0.01赫兹,落在了我们听不到的次声波波段。在我们拥有了次声波“耳朵”后,近几次大地震之前都听到了这样的“叹息”声。我们目前对这个迹象并不熟悉,还不能从这一丝线索中找到头绪来预测地震。但是能够获取这蛛丝马迹的信息表明我们已经成功了一半。随着更多传感器给我们提供线索,不久的将来,我们一定能够听懂这一声警告的含义。频率增加到20 000赫兹以上就是可以充当蝙蝠和海豚“眼睛”的超声波,有时我们也会请超声波来听听身体的健康情况。

我们生活在一个充满波的世界,有机械波、电磁波、引力波……,无时无刻,无处不在。波携载着源的信息,我们可以沿着波的线索来讨论源的信息,就像顺着水流,寻找水的源头一样。当我们从细节出发,探索真相时,传感器帮我们寻找蛛丝马迹;当我们想要了解内在,把握全局时,传感器将信息变得一目了然。

可以说,我们周围充满着波,有一些我们可以直接感知,有一些我们要借助传感器来感知,也许有一些我们现在还没有办法感知。

你,见或不见,波就在这里;你,知或不知,波就在这里……

2.2 爱因斯坦与光电效应

“看”是人们感受周围、了解世界最基本和最常用的途径之一。

眼睛是天然的光传感器,它能够感受光线里包含的丰富信息,再以电流的形式传递给大脑。大脑接收到电信号后经过分析处理,最终还原出眼前的景象。出于精确记录的需求,照相机出现了,能够通过物理化学方法在胶片上记录图像。

随着科技的发展、自动化的完善以及智能化的实现,我们需要把光信息转换为电信息,并且感知其他电磁波段的信号,也就是能够人造出用来看的“眼睛”,其中涉及的底层物理机理就是电磁场理论和光电效应。这里我们重点介绍光电效应。

光电效应的发现和两个人有着密切的关系。第一个关键人物是海因里希·鲁道夫·赫兹(Heinrich Rudolf Hertz)。就是他首先证实了电磁波的存在,为了纪念他在电磁学领域的巨大成就,频率的国际单位“赫兹”以他的名字命名。光电效应是他在1887年的一次实验中偶然发现的。他发现,光的照射可以引起物质的电学性质发生变化,但是实验结果却有些“叛逆”,并没有遵循经典物理学的规律。按照常规的思路进行分析,光照产生的电信号应该和光强有关,光强越强,产生的电信号也就越强。虽然实验结果的确也表现出这样的规律,但是却附加了一个“不合常理”的前提条件——光照产生电流这一现象和光的颜色也有关系。对于同一物质,有些颜色的光照射它时,无论光强有多强,都观测不到光电流的产生。而有些颜色的光即使很弱,也能展现出一定的光电效应。这一附加条件让人百思不解,它使经典物理学陷入了危机。

第二个关键人物是阿尔伯特·爱因斯坦(Albert Einstein)。爱因斯坦是科学界的“天花板”,是智慧的象征。如果你是一名文科生,你可以说你不懂物理,但是你不可能说你没有听说过爱因斯坦这个名字。如果你是一名理科生,你可以说你不懂爱因斯坦的相对论,但是你不可能说你没有听说过相对论。相对论告诉我们时间和空间是相对的,并且统一了时间和空间,质量和能量。相对论颠覆了经典物理学中的绝对时空概念,重塑了一个更加准确的时空观。相对论的提出还开辟了原子能时代,指引着我们出征星辰大海。如此创世纪的工作捧回一个诺贝尔奖,应该没有异议吧。的确,爱因斯坦获得了1921年的诺贝尔物理学奖,但是获奖理由是表彰他在光电效应上的成就。获奖通知书上面写道:“在昨天的会议上,皇家科学院决定把去年(1921年)的诺贝尔物理学奖授予您,理由是您在理论物理学方面的研究,尤其是您发现了光电效应定律,但是您的相对论和引力理论的价值不在考量中,将来这些理论得到确认后再加以考虑。”直到2015年引力波的发现,为广义相对论打上了一个漂亮的“对号”,诺贝尔奖委员会才在2017年表彰了三位通过实验直接探测引力波的科学家，诺贝尔物理学奖的关键词里终于加入了相对论。

那么让爱因斯坦荣获诺贝尔物理学奖的光电效应定律又是什么样的神来之笔呢？1905年，爱因斯坦发表了一篇名为《关于光的产生和转化的一个试探性观点》的论文，文中这样写道：

> “在研究黑体辐射、光致发光、紫外光产生阴极射线，以及其他与光的产生和转换有关的现象时，假设光的能量在空间分布不连续将是一个更好的物理图像。一个点光源发射出的光波能量在大范围上并不是连续分布的，而是由局域在空间点上有限数量的能量子组成，这些能量子在运动时并不会分裂，并且只能够作为一个整体被吸收或产生。”

上段文字最简单的理解就是，爱因斯坦提出了光的粒子性——光是由光子组成，并且每个光子携带的能量E正比于光的频率ν，比例系数为普朗克常量h，即$E = h\nu$。当光照射到物体上时，能否使电子突破原子核的束缚而获得自由（克服束缚能），取决于能量子（光子）的能量，而与光子的数量（光强）无关（图2.3）。当光子的能量大于束缚能时，光子的能量能够使电子逃逸，就会产生光电效应。其中所需要克服的最小束缚能称为逸出功。有些颜色的光所对应的光子能量小于逸出功，那么将无法激发出自由电子。

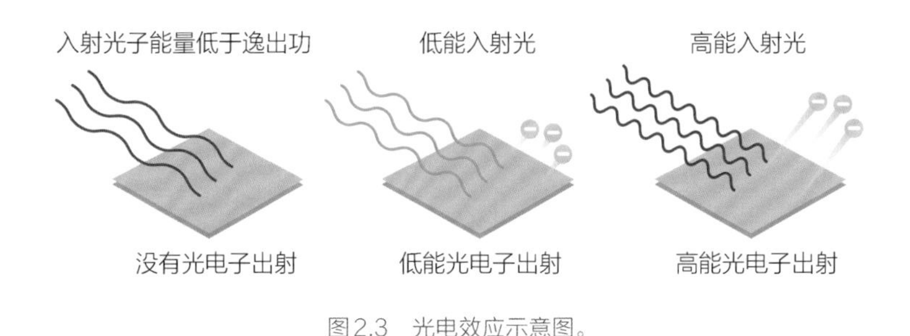

图2.3 光电效应示意图。

这也就是为什么照射在一定材料上的有些颜色的光即使光强再强,也无法观测到光电效应的原因。我们可以形象地把光子看作是冰雹,电子看作是大树上的树叶。有的树叶的叶柄比较粗,不容易折断(逸出功较高);而有的树叶的叶柄很细,很小的力就能使它脱离树枝飘落下来(逸出功较低)。当一个尺寸比较小的冰雹击打树叶时,它的破坏力(能量)只能将细叶柄的树叶击落下来,而粗叶柄的树叶还在树上。落下来的树叶就好比逃逸的电子,形成了电流。能够落下来的细叶柄树叶的数目和冰雹的多少有关,也就是电流的大小和光强有关。如果冰雹的尺寸再小一点,小到无法破坏细叶柄,那么,不管冰雹的数目有多少,都将没有树叶被击落,也就不存在电流了。什么情况下可以将粗叶柄的树叶也击落呢?那就需要冰雹的个头再大一些,大到其破坏力能够打断粗的叶柄(光子能量高于逸出功)。

例如,钠的逸出功为2.75电子伏(eV,一种能量单位,即将一个电子的电势改变一伏特所对应的功),当我们用630纳米(1.97电子伏)的红光去照射钠时,将观测不到有电流流过。如果我们改用

440纳米(2.82电子伏)的蓝光或390纳米(3.18电子伏)的紫光进行实验,回路中将有电流流过(图2.4)。可以看出,因为红光的能量小于钠的逸出功,因此钠对红光不会"来电"。而蓝光或紫光的能量则超出了钠的逸出功,光电效应将光能转换成了电能。

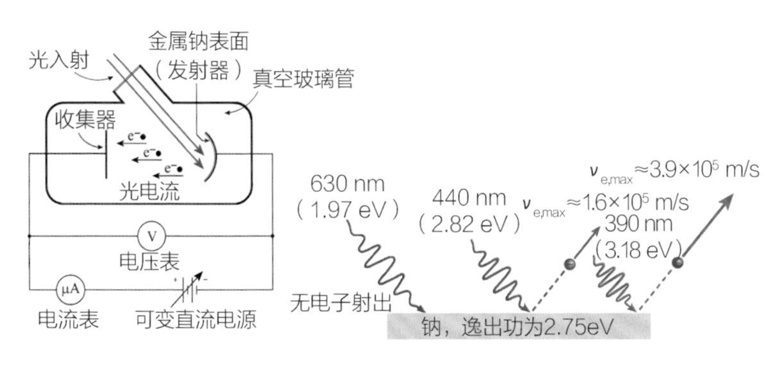

图2.4 钠的光电效应示意图。

不同材料的逸出功并不相同,钾的逸出功为2.0电子伏,700纳米(1.77电子伏)的红光无法使其产生光电流,波长为550纳米(2.25电子伏)的绿光和400纳米(3.1电子伏)的蓝光则能够使电子摆脱束缚,产生光电流。不难看出,如果用550纳米的绿光来照射钠和钾,其结果明显不同,只有逸出功较小的钾能够产生光电效应,而逸出功较高的钠则毫无反应。

光电效应使得光信号转变为电信号成了可能。选择合适的材料,再结合一定的电路设计,就实现了具有光学传感功能的光电探测器。传统相机所用的胶片是利用银盐感光这一物理化学过程来记录图像,而数码相机则通过CCD探测器的光电转换效应将图像的光信息转换为电信息,然后传输给中央处理器进行后续分析、处理和存储,最终记录下我们看到的美好瞬间。此外,光电效应也被广泛用于其他电磁波传感器的研制中,让我们得以一窥肉眼不可见的神秘世界。

2.3 无线电传感器

波长大于1毫米、频率在百吉赫兹以下的电磁波,我们称其为无线电波。我国的500米口径球面射电望远镜(FAST,又称"中国天眼")就可以看作是一个巨大的无线电传感器,被用来搜寻星辰大海中的灯塔——脉冲星,甚至还能发现地外文明。下面,我们先来看看无线电波是如何被感知的。

我们的周围充满着无线电波,有广播信号、电视信号、手机信号、WIFI信号等。这些信号的发射和感知,离不开一个关键的部件——天线。发射无线电波需要天线。去看看你的无线路由器,是不是就装备着好几根天线?上海陆家嘴的地标建筑东方明珠广播电视塔总高486米,其中顶端天线的长度就有168米。正所谓"居高声自远",高高在上的天线可以使得无线电信号避开地面建筑的阻碍,从而传播得更远。为了实现最大面积的信号覆盖,天线需要处在更高的地方,因此科技工作者将配备着发射天线的卫星送入了太空。

接收无线电波也离不开天线。用过收音机的同学一定摆弄过它上面那根可以旋转和伸缩的天线;老款的手机在信号不佳时,可以拔出天线来进行改善。有的人会说,那现在的手机为什么没有天线了,是不需要了么?其实,只要是接收无线电波,都需要天线来感知,只不过是现在的手机为了美观将天线从外置变为了内置,也就是藏在手机外壳之内了。卫星电视接收器,俗称"锅",是用来接收卫星电视信号的天线。有的时候发射天线和接收天线是同一个,雷达就是一个非常典型的实例。

无线电波通过发射天线向空间传播,而接收天线则是对选定频率的无线电波进行共振接收。如果你做过音叉实验,当两个一样的音叉分开一定的距离,然后敲响其中一个使其发生振动,那么你会发现另外一个音叉虽然没有与振动的音叉直接接触,但是也会因为共振而发生振动(图2.5)。被敲响的音叉就好比是发射天线,而另一个音叉则对应了接收天线,共振振动就是接收到了信号。如果你用共振调弦法调过吉他弦,也会发现类似的现象。当你以第一弦空弦(不按琴弦的情况下,直接拨动琴弦发出的声音)为基准音,来调节第二弦时,你只需按住第二弦的五品(吉他上的金属横格,从上往下数第五格为五品),并拨动它,然后看看第一弦有没有跟着振动。当弦调好以后,应该能够观察到最为明显的振动。这里被拨动的第二弦就好比是发射天线,而跟着振动的第一弦就是接收天线。

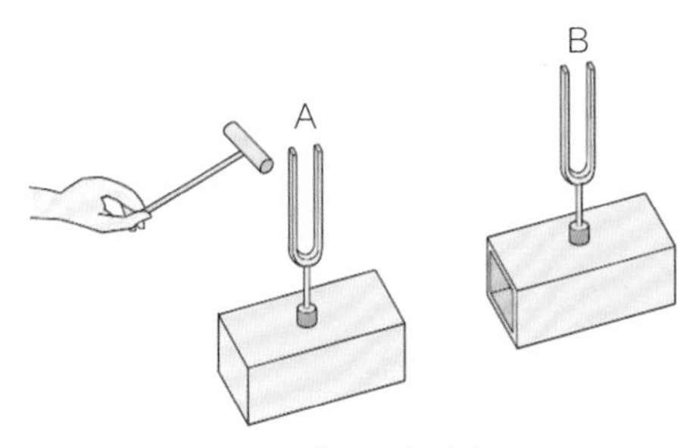

图2.5 音叉共振实验。

那么天线就是无线电波的传感器么？答案是否定的。虽然接收天线能够通过调谐电路来感知无线电波，但是无法对感知到的信息进行处理和转换。因此天线只是无线电传感器的一部分，起到接收的作用。除了天线之外，无线电传感器还包括些什么呢？答案是无线电接收器，一种将天线感知到的信号转换为可用信息的电子设备。空间的无线电波非常弱，这导致了天线接收到的信号也很弱，因此需要通过无线电接收器中的滤波模块和放大模块来对这个很弱的信号进行处理，然后转化为电信号。

无线电波主要的作用是无线传输信息，那么它是如何实现这个功能的？这就涉及无线电波的调制和解调。无线电波是信息的载体，信息是如何加载到无线电波之上的呢？在讨论这个问题之前，让我们先来看看灯语，一种通过灯的亮和暗来传递信息的方式。如果你看到了有人用手电筒先短闪三下，然后长闪三下，最后再短闪三下，那么这个人一定是遇到了麻烦，在发出求救的信号。这里我们看到的是白色的灯光，而白光除了表明有人打开了手电，并不能反映出其他的信息，灯光的闪烁才是有用的信息。类似的还有通过有节奏地敲门,来告诉房间里的人门外站的是自己人。这里的敲门声只能传递出有人在敲门这个信息,声音的节奏才是有价值的信息。无线电波的调制和解调,也正是通过调整信号的"节奏"来传递和接收信息的。

无线电波的调制方式有调幅(Amplitude Modulation,AM)和调频(Frequency Modulation,FM)两种(图2.6)。顾名思义,调幅就是调节无线电波的振幅(也可以理解为强度)。上面说的忽明忽暗的灯语和有节奏的敲门声就是调节光或声音的强度来传递信息。调频是通过调节无线电波的频率来实现信息的表达。就好比我手里拿着蓝色和红色两个手电(不同颜色的电磁波频率不同),我先把蓝色闪三下,然后红色闪三下,最后蓝色再闪三下,如果我们约定这种形式的蓝红闪烁也代表着寻求帮助的意思,那么这里的调频就和前面的明暗调幅一样,只是我们将明换作蓝色,暗换作红色,通过对光的频率进行调制,来实现信息的加载。

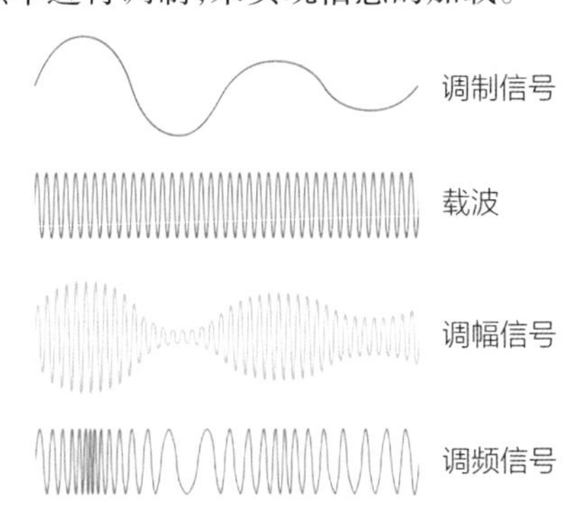

图2.6 待传递的调制信号(蓝色),加上载波(红色),分别形成调幅信号(绿色)和调频信号(紫色)。

信息通过调制器加载到了无线电波上，然后通过发射天线发射出去。当接收天线接收到这段包含着信息的无线电波后，通过接收器对其进行滤波和放大，然后进行解调来分析这段无线电波所包含的信息，这才是在真正意义上实现了无线电波的传感。

波长在米量级或更长的无线电波具有传播距离长、损耗小、传播稳定等特点，因此感知它们的传感器常常出现在我们收音机和电视机中。

微波波段的无线电波具有较好的穿透性，同时它还具有易于定向发射的特点。我们通过发射一束微波到待测物体，然后通过微波传感器来测量反射回来的微波信号，可以实现众多物理参数（距离、浓度、湿度等）的非接触检测。微波传感器是移动通信中的核心器件之一。移动通信技术从最开始的第二代（2G）发展到第三代（3G）、第四代（4G），以及现在主流的第五代（5G），其用于传输信息的电磁波都处在微波的频谱范围内。用于上网冲浪的WIFI也是在微波波段，频率在2.4吉赫兹，也有一些路由器和网卡已经开始支持5吉赫兹的网络信号。

无线电波最短的波长在毫米尺度。其对应的传感器为毫米波传感器，它能够对一定距离之外物体的位置、运动信息进行感知，精度可达毫米量级。高精度的毫米波传感器在无人驾驶汽车中充当“眼睛”，被用来观察周围的环境。可以看出，除了测距之外，几乎所有关于无线电波的应用都是进行信息传递。此时此刻,无线电波也正在为我们的交流沟通而忙碌着。

2.4 太赫兹透视眼

当我们纵观整个电磁波谱,会看到一段波长介于毫米和微米之间,相应的频率在太赫兹(10^{12}赫兹)量级的电磁波段。因为处于电子学范畴的毫米波和光学范畴的远红外线之间,太赫兹波一直处于“电学不疼、光学不爱”的尴尬局面,相关的技术也没有得到很好的发展。直到近几十年,大家才发现太赫兹波段是一个宝藏波段。太赫兹波兼修了无线电波的穿透本领和光学的高空间分辨率,加上自带的“低能”属性(辐射能量很低,不会引起人体或其他生物组织的光损伤),使其在无损检测和成像中极具应用潜能。另外,毒品、爆炸物的振动频率刚好也在这个范围,因此太赫兹波可以像警犬一样“闻”出这些违禁的危险品。太赫兹波优异的穿透性使其在军事和民用中都有着广阔的应用前景。美国称其为“改变未来世界的十大技术”之一,日本将其作为“国家支柱技术十大重点战略目标”之首,太赫兹波也是我国重要的科技战略方向之一。

太赫兹波并不像可见光和红外光那样大量地存在于我们周围,自然界中只有微弱的太赫兹波。为了利用太赫兹波的各种优势,我们需要先研制出太赫兹辐射源,作为主动式太赫兹探测的光源。太赫兹辐射源从频率上可以分为宽带和窄带两类。宽带太赫兹辐射源所产生的辐射频率可以横跨几十个太赫兹,顺便提一句,太阳光也是宽带辐射,波长为150纳米到4000纳米(因大气的吸收,地面可观测太阳光的波长为300纳米到2500纳米),谱宽达到几千纳米。也正是因为如此宽的频谱范围,导致每个频率所分到的功率较低。宽带太赫兹辐射源主要用作太赫兹光谱系统的光源。窄带太赫兹辐射源的频率范围很窄,可以实现高功率的太赫兹波发射,多用于透视和成像。

既然太赫兹波处于光学和电学的交界处,因此目前主流的用于产生太赫兹辐射的方法就分成了光子学方法和电子学方法两大派系。电子学方法主要是借鉴了微波发射的原理,再结合频率的转换技术来实现太赫兹波的发射,或者通过电子在磁场中回旋谐振受激辐射出太赫兹波,特点是可以用来制备出高功率的太赫兹辐射源。光子学方法则是通过光脉冲与物质相互作用来实现太赫兹波的辐射,其中包含光电导天线、光混频和光整流等技术路线,优点是频谱宽、工作环境友好。

1太赫兹的频率对应的周期为1皮秒,也就是说,我们如果能够产生出一个脉冲宽度为皮秒到飞秒量级的电脉冲,那么就有望获得太赫兹波。利用飞秒激光脉冲来激发光电导天线,从而使天线中出现光生载流子(自由电子或空穴),这些载流子在外电场的加速下定向运动,也就产生了瞬时电流(电脉冲),最终就能辐射出太赫兹波。辐射的强度和外加电场有关，光脉冲起到的是“四两拨千斤”的作用。

几何光学的知识告诉我们，当两束光在空间和时间上有交集时，它们从相互奔赴到相遇再到分离，其自身的特点并不会发生变化。换句话说，两束光在分开以后各自还保持着原有的频率，就好像它们从未相遇，从来没有另外一束光存在过一样。然而，随着光强的增大，光学的非线性效应将会变得明显起来。非线性光学的知识告诉我们，如果两束在非线性晶体中相遇的光的光强足够强，那么它们的频率就会做“加减运算”，产生出一束新的差频（减法）或和频（加法）的光。因此我们可以预设好两束光的频率，然后通过光学混频（差频或和频）的方法来产生太赫兹辐射。

一列连续的正弦波对应了一个特定的频率。任何非此类型的波，比如方波、锯齿波以及非连续的脉冲波，都可以分解成多个不同频率的正弦波。这个分解过程在数学上称为傅里叶变换。一束超快的脉冲激光入射到非线性晶体上，按照傅里叶变换的思想，可以看作多束不同频率的光的入射，再加上光学混频效应，就可以实现基于光整流的太赫兹辐射。

现在，我们找到了制备太赫兹辐射源的方法，那么新的问题是又该如何感知太赫兹波呢？发射和探测往往是同一个物理效应的两个方向（正向和逆向），比如光电效应指的是光照产生电流，而从逆向来看,也可通过电流来产生光辐射。太赫兹波的探测分为两个技术方向:相干(外差混频)检测和非相干(直接检测)检测。相干检测好比是光整流的逆过程,将太赫兹辐射通过非线性效应转变为能够感知的电磁波信号。非相干检测技术则是通过将太赫兹辐射直接转化为电信号来实现感知。目前,基于非相干检测技术的太赫兹传感器有借助温度变化来实现太赫兹波感知的高莱盒、热释电器件和微测辐射热计等,以及通过电学方法探测太赫兹辐射的肖特基二极管、场效应晶体管等。

有了太赫兹传感器,接下来就是如何实现太赫兹成像的问题了。对于是否采用太赫兹辐射源,其成像技术可以分为有源的主动式成像和无源的被动式成像。考虑到自然界中的太赫兹辐射较弱,为了获得较好的成像质量,大部分都选用的是配有太赫兹辅助光源的主动成像技术。图像的传感方式则分为阵列式和扫描式。类似于将视觉细胞排列在视网膜上,或用光电探测器集合成CCD的照相机一样,阵列式太赫兹成像是将太赫兹传感器排列放置于焦平面上来制成图像传感器件。而扫描式则是借用了雷达的相控阵成像技术。

这里顺道科普一下相控阵技术。我们在电视剧、电影和一些纪录片中都看到过用于侦测的雷达。雷达一般由电磁波源(发射机和发射天线)、电磁波传感器(接收天线和处理器)以及显示器组成,利用电磁波来探测目标的位置和速度等信息。发射机产生的电磁波通过天线定向地发射出去，若该方向上刚好有目标出现，将会对该电磁波进行反射，反射的电磁波被天线接收后，经过处理器分析，能给出该目标的具体坐标，再结合多普勒效应，可以确定目标的速度。为了实现全空间的监测，需要改变电磁波的照射方向。就好比在晚上，我们用手电来勘察前方。因为照亮的区域有限，我们往往会晃动手电来照亮不同的区域，最终拼出一幅完整的图像。既然每次只能探测到非常小的一片区域，那么就不需要大面积的传感器阵列来进行成像，实际上单个传感器往往就足以满足需求。

雷达按照电磁波扫描的方式可以分为机械扫描雷达和相控阵雷达（图2.7）。机械扫描式雷达的天线绕着中心轴一圈一圈地转动，从而实现了360度无死角的探测，就好比我们可以通过旋转一圈把前后左右都看清楚一样。现代的新型相控阵雷达并不需要转动天线，而是通过电子学方法来控制波的相位，再借助相干波的干涉特性，最终实现超广角探测。相控阵雷达上集成了电磁波发射器的阵列，这些相干电磁波束会在空间发生干涉，从而形成稳定的强弱分布。空间中的干涉情况，或者说某点的辐射是强是弱，和这些电磁波束在该点的相位差有关。电磁波束的初始相位、频率以及到空间参考点的距离，都能引起电磁波在该点相位的变化。可以通过改变相位或频率将空间中某一确定点的电磁波调节成为相干增强状态，就好像可以人为地控制光往该点传播一样。因此，相控阵雷达可以通过调节相位或频率来控制电磁波束的传播方向，定向照亮空间的某个位置，从而实现电磁波的扫描。

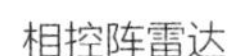

机械扫描雷达

图2.7 相控阵雷达和机械扫描雷达。

工作在太赫兹波段的雷达具有分辨率高、穿透能力强的特点，同时还具有优越的反隐形能力。与哈利·波特披上隐身衣后就会消失在我们眼前不同，隐形战机的“隐形”并不是指我们的肉眼看不到它，而是指针对雷达隐身。我们已经知道，雷达是通过探测反射回来的电磁波来实现侦察功能的。隐形战机的特殊涂层能够吸收雷达发射过来的电磁波而不反射，从而没有反射波供雷达接收，达到了隐身的效果。太赫兹波能够穿透隐形战机的特殊涂层并反射回来，对涂层的无视自然也就使战机丧失了隐形的能力。基于以上特点，太赫兹雷达在军事领域大有可为。如果给我国的新型战机装备上太赫兹雷达，那必定是一大利器。

太赫兹波具有很强的穿透能力，行李箱、衣物、塑料制品等在太赫兹波的眼里都是透明的。例如，当下流行的盲盒，非常受青少年的追捧，经常会看到他们拿着盒子摇一摇，听一听声音，感觉一下重量,来猜测盒子里面是什么物品。我们用可见光去观察,只能看到表面,也就是一个盒子。但如果改用太赫兹波去探测,就可以看到盒子里面的物品。盲盒也就不再“盲”了。

毒品、炸药等大多数有机大分子的振动和转动能级都处于太赫兹波段。我们知道,可以利用有机物对电磁波的吸收和色散,来分析被测物质的成分。将这个原理与太赫兹成像技术相结合,不仅可以看出手提箱里是否藏有违禁物品,同时还能说出具体是哪种违禁物品(图2.8)。

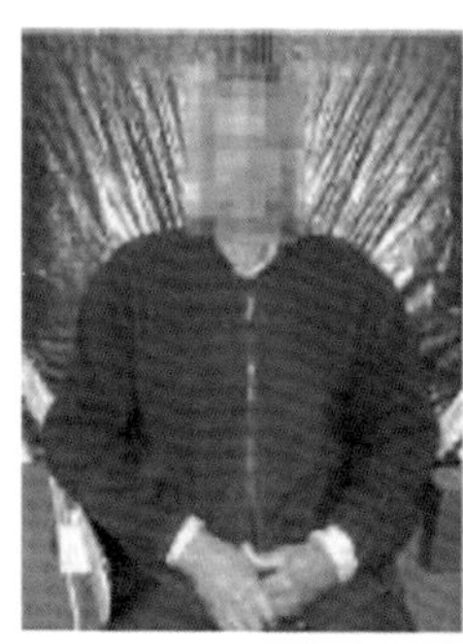
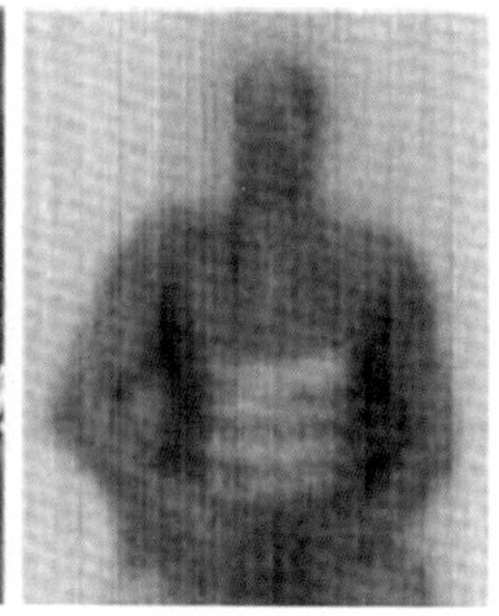

图2.8　危险品的太赫兹波成像。

另外,太赫兹波的能量非常低,与X射线相比,不会引起被检测物质的损伤。运用太赫兹波来进行安检,或是拍摄医学影像,不会像X射线那样对人体带来伤害。

因此,太赫兹波非常适合用于安全检查。太赫兹波安全检测仪已经为一些大型会议的顺利召开保驾护航。当有恐怖分子携带危险品进入太赫兹波的视野范围,不管他是把危险品藏在衣服里、背包中还是其他任何地方，太赫兹波的“透视”功能都会让其暴露无遗。

太赫兹波还可以在能见度很低的天气环境中看穿迷雾，为飞机、轮船和汽车指点前进的方向；能够看透表面，探测内部是否存在缺陷，为汽车、飞机、航天飞机的安全保驾护航。

太赫兹波能够为我们提供多方位的安全保障，这都要归功于它优秀的透视功能。在一些地铁站和机场，已经开始使用基于太赫兹波的安检设备。在天文探索中，太赫兹观测也日渐成为一种重要的手段。通过对宇宙中的气体进行太赫兹观测，可以了解分子云的组分信息，搜寻新的星际分子，有助于我们寻找生命的起源。太赫兹光谱观测也可以用来探究宇宙中新生恒星的形成过程。我们相信，太赫兹技术有着非常可期的未来。

2.5 光学传感器

人类的眼睛能够感知波长在400纳米到760纳米之间的电磁波，因此我们把这个波段的电磁波称为可见光。为什么我们只能感知到波长在400纳米到760纳米之间的电磁波呢？人类是日间活动的物种，因此进化论将人类的眼睛“设计”成了能够高效观测太阳光的传感器。色散实验已经告诉我们，太阳光是复色光，其包含的波长从紫外到红外。太阳光主要集中在波长介于400纳米(蓝色)到760纳米(红色)之间光波上,其中绿色光光强最大(这也是为什么我们可以通过注视绿色来缓解眼睛的疲劳)。基于效率最大化的原则,人类的眼睛能够看到的光就是蓝色到红色这个范围。

我们的眼睛就是一个天然的可见光传感器。我们先来看看眼睛这个传感器是如何感知光信息的(图2.9)。被观测物体所反射或透射或发出的光线,经过眼球晶状体会聚并穿过玻璃体,然后在视网膜上成像。视网膜的感光细胞将光信号转换成为电信号,通过视觉传导通路传递到大脑皮层的视区,从而形成视觉。可以看出,感光细胞是实现感知光信息这项功能的关键。感光细胞可以分为视杆细胞和视锥细胞,分别是两种具有不同功能的“传感器”。视杆细胞有较高的光敏度,能够看到较暗的光,但它不具备分辨颜

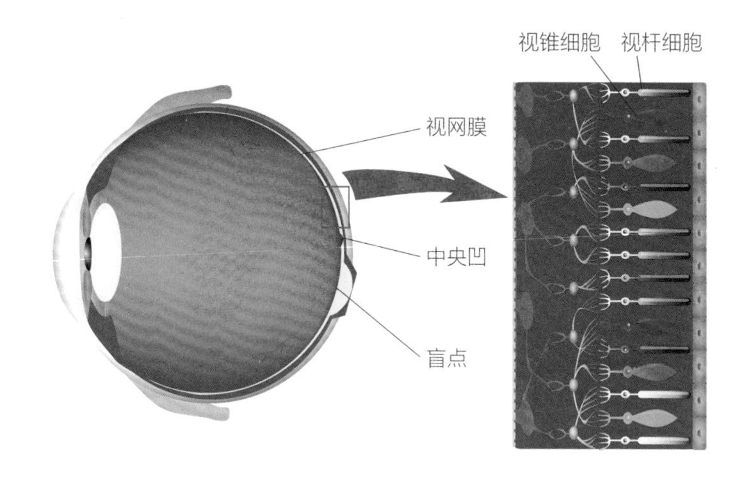

图2.9　人类眼睛的示意图。

色的能力。视锥细胞具有分辨颜色的本领，但是灵敏度较低，从而对观测的光强有一定的要求。在明亮的环境里，两个“传感器”都能正常工作，它们将眼前的景和色告知大脑。而在光线很暗的环境中，微弱的光线使得视锥细胞几乎无法感受到光信号，只有视杆细胞将感知到的景像汇报给大脑，而大脑并无法获得色的信息，这时我们看到的事物几乎都是黑白的，很难分辨它们原本的颜色。我们都有过这样的感受，在夜晚的月光下，很难判断出路边花朵的颜色。

那么我们是如何欣赏到这个五彩缤纷的世界的呢？对“色彩传感器”的视锥细胞进行进一步研究，我们可以发现，正常人的视锥细胞又可以细分为三种不同的类型，也就是视锥细胞这个传感器可以分为三个不同的型号：S-视锥细胞、M-视锥细胞和L-视锥细胞。这三种视锥细胞分别用来感知不同的波长，粗略地说就是分别用来感知三原色中的蓝色、绿色和红色。我们将三原色进行组合，可以调出世间的各种颜色。三种视锥细胞的组合带给了我们一个绚丽多彩的世界。

既然人类眼睛所能感知到的电磁波波段和进化有关，那人类和其他动物的眼睛所具有的感知能力一样么？因为不同的生物所处的环境不同，有夜间活动的动物，有住在海洋不同深度里的鱼类……，所以人类和其他动物拥有的视觉传感器并不相同。动物的眼里看到的世界和我们看到的并不一样。比如蜜蜂可以感受到紫外线（图2.10），而响尾蛇则能够看到红外光（图2.11）。事实上，

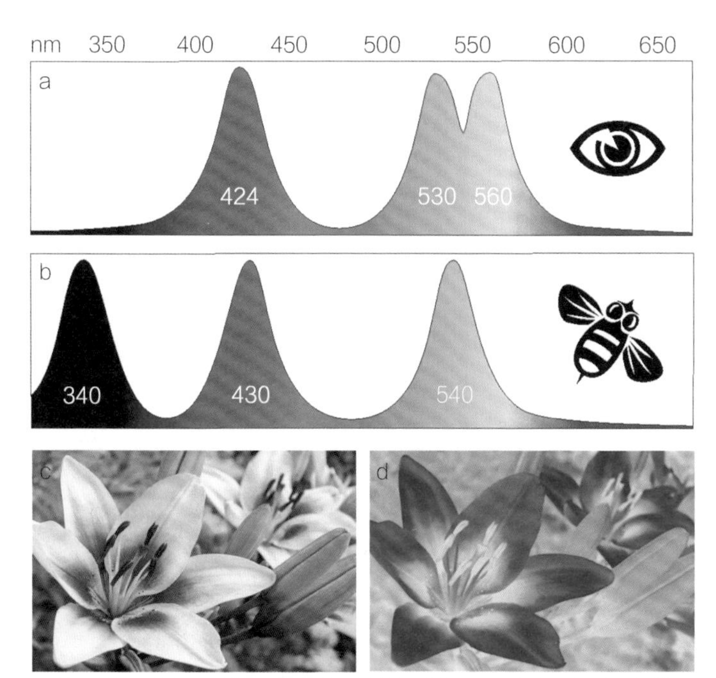

图2.10 a和b分别为人和蜜蜂所感知的颜色，c和d分别为人和蜜蜂眼中的世界。

图2.11 人所看到的世界（上）、蛇眼里的世界（左下）和狗眼里的世界（右下）。

很多动物并没有人类这么幸运,它们只有两种甚至更少的视锥细胞。大多数哺乳动物只含有两种视锥细胞,在人类的好朋友——狗的眼里只有能够感受到黄色和蓝紫色的视锥细胞,因此它们看到的颜色就没有我们看到的丰富(图2.11)。

当然也有一些动物,它们的视锥细胞的种类比我们人类的多,其中的最强王者非皮皮虾莫属,它拥有16种类型的视锥细胞。理论上,皮皮虾不仅可以看到紫外光和红外光,还可以比人类看到更加丰富的颜色(图2.12)。

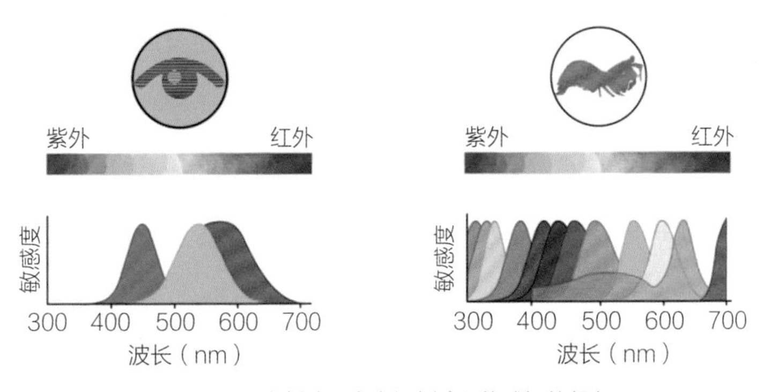

图2.12 人类(左)和皮皮虾(右)所能感知的颜色。

可以看出,对于人类来讲的颜色,在其他动物的眼里并不一样。甚至对于人类来讲的黑夜,在有些动物的眼里并不是伸手不见五指。这些不同和差异正是源于大家与生俱来的视觉传感器并不相同。

有一个关于颜色的悖论,有兴趣的读者可以思考一下。首先,前提条件为大家已经对天空是蓝色的，云彩是白色的，树叶是绿色的达成了共识（事实也的确如此）。如果有一个人的蓝色传感器和红色传感器刚好接反了，那么他看到的天空就是我们眼里的红色，但在他的认知里面这个颜色叫作蓝色。如果当别人问他天空或者和天空色彩一样的物品是什么颜色时，他也能够“正确”地回答出“蓝色”。现在问题来了，我们有办法证明他和其他人看到的颜色并不相同么？再更深入地思考，我们有办法证明我们自己所看到的颜色就是“真正”的颜色吗？

介绍完天然的光学传感器，随后就是人造光学传感器了。日常生活中常见的数码相机、摄像头就是最为典型、最具代表性的光学传感器。老式相机是通过胶片来实现成像，胶片上的每一个银盐晶体颗粒就像是我们视网膜上的感光细胞。胶片实现了对可见光的感知，并将信息留存在了自己身上。现在数码相机中的“胶片”才是真正的光学传感器，CCD和CMOS（Complementary Metal Oxide Semiconductor，互补金属氧化物半导体器件）是两种常见的“胶片”。下面我们就来看看这两种传感器的特点。

数码相机里的CCD或CMOS和胶片一样，都是由像素排列成的面阵。每一个像素都包含了一个可以将光转换为电信号的感光二极管，通过这个光学传感器可以实现光信息的感知和转换。使用不同光敏材料制成感光元件，光学传感器可以分别感知紫外线、可见光、红外线等。

那么CCD和CMOS有什么不同呢？CCD和CMOS这两种传感器的不同之处在于它们的信号传输方式各异。CCD传感器阵列中某一个像素的电信号会依次传递给同一行的下一个像素，最后由底端输出；而CMOS传感器阵列中的每个像素都独享一个放大器，并通过这个邻近的放大器将数据输出。

下面我们通过类比来形象地说明。设想在下雨天，我们将很多一样的小水桶摆放成阵列来接收雨水。如果将下雨比作光照，雨滴看作为光子，那么每一个水桶就是一个感光二极管，也就是一个像素，水桶中的水就好比光照产生的电信号，正如水量和雨的强度有关一样，电信号和光照强度有关。雨停以后，我们想要看看每个水桶储存了多少水，CCD的办法是先把每一行第一个桶中的水倒出来进行测量，然后把第二个桶的水倒入第一个桶中，第三个桶的水倒入第二个桶中，以此类推。重复上述步骤，我们就可以测量出每一个桶里储存的水量。而CMOS则是在每一个水桶旁边都配有一个测量装置，用来测量桶中的水量(图2.13)。

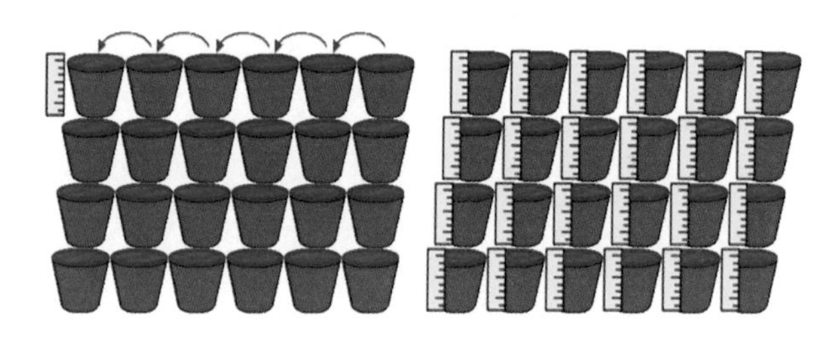

图2.13　CCD和CMOS信号输出示意。

那么CCD和CMOS哪个方案好呢？可以看出，CCD的路线是将水倒入同一个或者少数几个测量装置进行测量,也就是大家的测量标准比较统一。而CMOS方案中每一个水桶都有一个测量装置,如果测量装置有差别、不一致,那么将会导致测量结果出现偏差,也就是传感器的信号出现失真。

如果每一个桶的大小一样,比如都是边长为10厘米的方桶,那么CCD方案中的每一个水桶代表的就是边长为10厘米的正方形区域内的雨量,而CMOS的设计中,每一个水桶的旁边还需要安放一个测量装置,因此同样的水桶所代表的测量面积就要比10厘米的正方形区域大。我们将一片区域划分成许多小格子,那么CCD方案可以给出更加精细的分法。划分得越精细,细节就越多,分辨率也就越高。CCD传感器的分辨率与CMOS传感器的相比会具有优势。换个角度来看,这里水桶所代表的区域就是像素的大小,如果我们设定像素的大小一样,那么因为CMOS方案每个像素中都有测量装置的存在,只能放入比CCD方案更小的桶,这也就导致了相同像素大小下,CCD传感器的灵敏度要高于CMOS传感器。

在CCD方案中,如果有一个水桶碎了,那么它所在的这一行就无法工作。这就导致了CCD传感器生产起来比CMOS传感器要困难,并且传感器的尺寸越大(也就是需要的水桶越多),生产的难度就越大,因此CCD传感器特别是大尺寸CCD传感器的生产成本非常高,这也就限制了它在我们日常生活中的应用。CCD依次传递的方案也使得整个传感所需要的时间过长,不像CMOS技术那样可以实现很快的传感速度。随着工艺技术的提高,CMOS传感器的分辨率也变得越来越高,它在数码相机市场中占有的份额也越来越大,特别是在全画幅相机等具有大尺寸传感器的仪器中,几乎已经完全是CMOS的天下。

上面介绍的CCD和CMOS都是面阵式的传感器,也就是把许多的小传感器排成了面阵。实际应用中还有线阵式的CCD和CMOS。面阵式传感器感知的是二维信息,线阵式传感器测量的则是一维信息。当然还有功能更为简单的零维传感器,也就是单独的光电二极管等感光器件。

光学传感器不仅可以作为机器的"眼睛"来实现"看"的功能,还可以填补那些人眼看不到的信息。在可见光波段,超高灵敏度的光电探测器可以观测到一个一个的光子,这是人眼所不能及之弱;它也可以直视激光、太阳,这些是人眼所不能及之强。除了用来实现视觉功能的光学传感器之外,太阳能电池也是一种光学传感器,它能够感知太阳光并将其中的光能转换成为电能。

2.6 X光传感器

1901年,人类科学史上第一个诺贝尔物理学奖颁发给了威廉·康拉德·伦琴(Wilhelm Conrad Röntgen),用来表彰他发现了一种不寻常的射线——X射线(也称为X光或伦琴射线)。那是在1895年的冬天,伦琴在研究真空放电现象和阴极射线时发现了一个意外的现象。为了防止外部光线对放电管的影响,伦琴用黑色纸将放电管包了起来。当他通电观测阴极射线时,突然发现1米外的一个涂有氰化铂酸钡的荧光屏上发出了微弱的浅绿色闪光,并且闪光随着电源的断开而消失。当他把荧光屏移至2米远时,依然可以观测到这个神秘的绿色闪光。这个距离远远超出了阴极射线在空气中的传播范围(大约为几个厘米)。这是一种全新的、未知的射线!我想当时伦琴的心情应该和哥伦布发现新大陆时差不多。严谨起见,伦琴在实验室里闭关了7个星期来研究这一神秘的射线,并且发现很多能够挡住光的物品在这种射线眼里都是透明的。1895年12月22日晚上,伦琴给他夫人的左手拍摄了人类史上的第一张X光照片(图2.14),该照片显示出的不再是血肉之躯,而是一根根手骨。

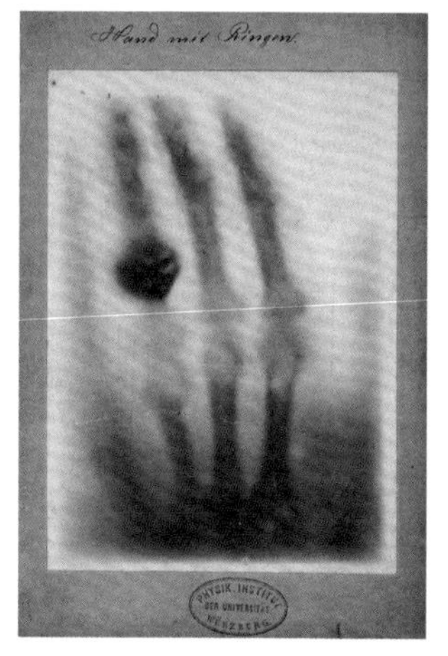

图2.14　伦琴夫人左手的X光照片。

诺贝尔物理学奖的首金只是拉开了X射线传奇故事的序幕，在后续的一百多年中，与X射线有关的诺贝尔奖多达10余项，有诺贝尔物理学奖，如发现X射线晶体衍射现象、探测宇宙X射线源等，也有跨界的诺贝尔化学奖、诺贝尔生理学或医学奖，如利用X射线和电子衍射法测定分子结构、通过X射线衍射分析法测定蛋白质的晶体结构、借助X射线发现DNA结构等。

X射线是波长在0.01纳米到10纳米之间的电磁波，刚好与晶体晶格间的距离相当，因此可以通过X射线的衍射现象来分析晶体的微观结构。大多数和X射线有关的诺贝尔奖都是关于晶体结构的分析。马克斯·冯·劳厄(Max von Laue)发现了X射线在晶体中的衍射行为，并因此获得1914年的诺贝尔物理学奖。其后的第二年，也就是1915年，布拉格父子(William Bragg 和 Lawrence Bragg)也因提出了著名的布拉格公式(一个表征X射线衍射与晶体结构关系的定律)，喜提了诺贝尔物理学奖。

X射线的能量在124电子伏到1.24兆电子伏之间。如此高的能量足以破坏生物细胞。善用之则为福，可利用它来治疗肿瘤等疾病。我们可以先用能量较低的X射线进行透视观测，锁定目标，然后改变X射线的频率来切换到高能量状态，达到摧毁目标的目的；不善用之则为祸，如果防护不当，X射线将带来脱发、烧伤等伤害。

X射线的短波长和高能量赋予了它多项神奇的功能，例如借助“穿墙术”来实现的透视检查。X射线具有极强的穿透能力，再加上物体的密度和材质等因素会影响其对X射线的吸收，因此可以通过X射线来进行透视成像。地铁、火车站和机场的安检设备就是通过X光来看穿行李箱，并检查其内部的物品。医学检查中常用X光片和CT来看看被测者的体内是否有异常情况。

通过X射线也可以反推其发射源，这一特点使X射线观测在宇宙学和天体物理学中具有非常重要的研究价值。2002年的诺贝尔物理学奖就是关于宇宙X射线源的发现。美国航天局（NASA）于1999年发射的钱德拉X射线天文台（Chandra X-ray Observatory，CXO）就是用来观测天体的X射线辐射的（图2.15）。2021年12月，美国太空探索技术公司（SpaceX）将NASA的X射线成像偏振探测

图2.15　钱德拉X射线天文台拍摄的星系半人马座A中央的超大质量黑洞的喷流，颜色代表检测到的X射线的能量，红色代表低能X射线，绿色代表中等能量的X射线，蓝色代表高能X射线。

器(Imaging X-ray Polarimetry Explorer,IXPE,图2.16)送入轨道。这台新的太空望远镜的独门绝技是探测X射线的偏振特性(图2.17)。其任务是研究超大质量黑洞、超新星遗迹、类星体、脉冲星等宇宙天体,从而帮助我们完善关于宇宙运行规律的理论。

X射线技术已在日常生活、安全防护、医学检查、医学治疗和科学研究等领域大显身手。

不管是伦琴发现X射线,还是后续X射线的广泛应用,都离不开对X射线的感知。伦琴实验室里的氰化铂酸钡荧光屏就是一种X射线传感器,它借助X射线的荧光效应将其转换为浅绿色的荧光,从而实现了对X射线的感知。基于胶片被X射线照射后能够还原出银颗粒的感光特性,胶片成为了一种X射线传感器,确切地说

图2.16 X射线成像偏振探测器的艺术家想象图。

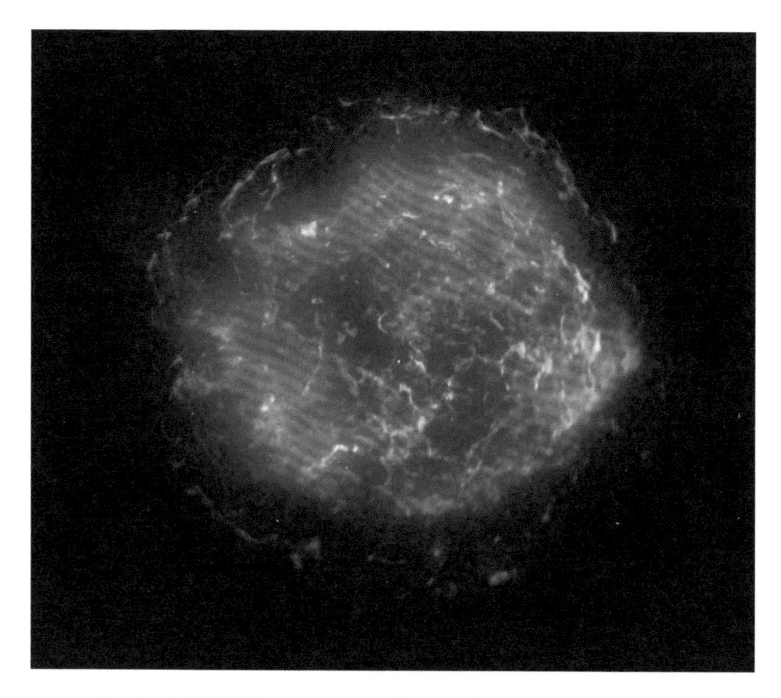

图2.17 超新星遗迹仙后座A的图像，其中洋红色为IXPE观测结果，蓝色为CXO观测结果。

是X射线感知器，曝光后的胶片能显示出X射线影像。这类似于我们用胶卷来拍照，只不过普通的相机和胶卷拍摄的是可见光的图像，而X射线胶片拍摄的是X射线的照片。但是，胶片是一次性的，不能重复使用，为了去除这个缺陷，影像板取代胶片成为了X射线传感器。再后来，发展到了当下普遍使用的平板探测器。从X射线胶片发展到平板探测器就好比我们从开始的胶片相机发展到现在的数码相机，实现了从X射线信号到电信号的转换。我们去医院拍摄X光片，里面就是用平板探测器来作为X射线传感器。

X射线传感器分为间接型和直接型两大派系。间接型是指在光电转换器之前有一层闪烁材料，这种闪烁材料吸收X射线后能够发出荧光，而这个荧光是处在可见光范围的，之后再通过光电转换器（可见光传感器）将荧光信号转化为电信号，从而实现了X射线的传感功能。打个比方，我们无法看到太阳风暴吹过来的带电粒子，但是当这些带电粒子在地球磁场的约束下到达南北两极并将大气电离时，就能发出肉眼可以看到的绚丽极光。这里的大气就好比是间接型X射线传感器里的闪烁材料。目前，间接型X射线传感器的闪烁材料主要为掺杂铊的碘化铯和掺杂铽的硫氧化钆。两种材料各有所长，想要获得更好的成像质量，可以选碘化铯；想要降低器件成本，可以选择硫氧化钆。最近科学家的研究结果表明，基于钙钛矿纳米晶体的闪烁材料有望实现高成像质量和低生产成本的兼得。

直接型X射线传感器是指不需要闪烁层，而是由光电转换器直接将X射线转化为电信号。高能的X射线将在直接型传感器的敏感材料中产生出电子—空穴对，这些带负电的电子和带正电的空穴在外电场的作用下受力相反，因此各奔东西，然后分别到达各自的目的地，最终形成电荷的积累。我们可以通过检测电荷的量来获知X射线的强度。直接型X射线传感器常用的敏感材料为非晶硒、碲化镉、碲锌镉以及硒化镉，这些材料各有长处，也各有不足。非晶硒空间分辨率高，但是容易损坏；碲化镉和碲锌镉灵敏度高，但是尺寸小。目前，基于钙钛矿的直接型X射线传感器成为了研究的热点，也已经获得了一些突破性的成果。如果能够提高其稳定性，那么基于钙钛矿的间接型或直接型X射线传感器都未来可期。

为了实现X射线的成像，我们可以在间接型传感器的闪烁材料后面加入透镜系统和成像系统（CCD），在直接型传感器中引入TFT（Thin Film Transistor，薄膜晶体管）阵列平板技术等。那么间接型和直接型这两大门派在X射线成像中各自的优势是什么？间接型X射线传感器中用的是技术非常成熟的可见光波段的光电转换器，因此相对直线型而言造价便宜、性能稳定。而直接型X射线传感器的优势在于拥有更高的分辨率，这与器件的衍射极限有关。衍射极限使得一个物点的像不再是一个相应的点，而是一个光斑。在相同的感光面积下，波长越长则光斑越大，光斑越大就导致了分辨率越低。波长远远短于可见光的X射线具有更小的衍射极限，因此，直接探测X射线的直接型X射线传感器比通过可见光来对X射线成像的间接型传感器拥有更高的空间分辨率。

无论是直接型还是间接型，随着技术的发展，X射线传感器将给我们带来更多广至宇宙，微至分子的信息。

第3章 红外传感器

3.1 从牛顿到赫歇尔

细心的读者会发现，上一章在介绍不同电磁波段的传感器时，好像漏掉了红外传感器。其实，这是刻意而为之。并不是因为红外不重要，恰恰相反，是红外太重要了，重要到不得不单独用一章来进行介绍。从自动感应开关、家电遥控设备，到温度测量、夜视仪，再到气象监控、宇宙探索，都是红外传感器的应用范围。刚刚升空的詹姆斯·韦布空间望远镜就是工作在红外波段，通过它所配备的高灵敏度红外传感器，我们可以对宇宙的早期状态（宇宙大爆炸后不久）进行探索和分析。

红外传感器无处不在，生活中有它，军事中有它，科学研究中也有它……我想在读完本章以后，你一定会同意我的看法。

让我们把时间调回到1643年1月4日。这一天，英格兰林肯郡乡下的伍尔斯索普村迎来了一个新的生命，他从小就爱好读书，对事物极具好奇心。即使被苹果砸中了脑袋,他都会好奇地去思考为什么苹果会竖直地掉下来。没错,他就是艾萨克·牛顿(Isaac Newton),一个家喻户晓的名字,一位在多个领域都具有开创性成果的全能科学家。他发现的运动三大定律(牛顿运动定律)和万有引力定律奠定了经典物理学的基础,他发展的微积分学成为了近代数学的基石。牛顿还通过著名的色散实验揭示了颜色的秘密,开启了光谱学的大门。

1666年,牛顿在暗室中引入太阳光,经过棱镜折射后投射在白色的背景上。实验结果发现,白色的日光并不"单纯",而是被"分散"成不同颜色的光带。牛顿设计了一系列的棱镜分光实验对太阳光进行系统的研究,最终得出了白色的日光是由不同颜色的光复合而成这一结论。我们现在知道,光是一种电磁波,光的颜色和电磁波的波长有关。比如,波长为440纳米的电磁波看起来是蓝色的,波长为550纳米的电磁波看起来是绿色的,波长为660纳米的电磁波看起来是红色的。如果一束光只包含一个波长的电磁波,那么我们称这束光为单色光;如果一束光包含了多个波长的电磁波,则被称为复色光。没错,白光就是复色光。单色光引起的视觉效果就好比单一振动频率引起的听觉效果一样。当你弹下钢琴的中央C键时(左数第40个琴键,C^1),钢琴琴弦的振动频率为261.6赫兹,你将听到C大调的"do"。当你弹下E^1键时(中央C右边第二个白键),琴弦振动频率为329.6赫兹,发出C大调的"mi";当你弹下G^1键时(中央C右边第四个白键),琴弦每秒振动392下,对应的声音是C大调的“so”；一个振动频率对应一个音调，就好比一个波长的电磁波对应一种颜色一样。而当你同时弹下C^1、E^1和G^1这三个白键时，专业人士称之为C大调正三和弦，你将听到一个更加丰富、更具有层次感、更为饱满的声音。我们将几个不同振动频率的声音的组合叫作和弦，将几个不同频率的电磁波复合在一起叫作复色光。复色光中所包含的单色光可以分散开，这一现象称为色散，雨后的彩虹就是自然界最美的色散现象之一，这是太阳光经过水滴折射和反射后描绘出的精彩画卷。

“杲杲冬日光，明暖真可爱。移榻向阳坐，拥裘仍解带。”这是诗人白居易心中的和煦暖阳。科学家们沐浴阳光时，也同时在思考一个问题：“是什么带给了我们暖洋洋的感觉？”理性的回答是太阳光能提升被照物的温度。太阳光的照射将温度提升到了人们体感的舒适区25摄氏度左右，从而带给了我们暖暖的感觉。既然太阳是复色光，那么不同颜色的光所引起的温度变化是否一样呢？在牛顿色散实验的100多年之后，弗里德里希·威廉·赫歇尔（Friedrich Wilhelm Herschel）对这一问题进行了思考和验证。他以牛顿的色散实验为基础，在不同颜色的光带上分别放置了用于测量温度的温度计（图3.1）。为了严谨起见，他还在红色光带旁边的空白区域内安放了一个用来做对照的“参比温度计”。实验结果大大出乎预料，本不应该表现出温度改变的“参比温度计”的读数发生了变化，并且升高的温度比其他颜色区域的温度计都多。敏锐的赫歇尔意识到这一定是在他知识体系之外的一种全新发现。随后他提出，在这片空白区域内，存在着一种我们看不见的光，这种光有着更为显著的热效应。考虑到这片空白区域位于红色光带的外侧，赫歇尔将其称为红外光。虽然我们看不见红外光，但是它的意义和价值并不亚于我们能看到的可见光。

图3.1 赫歇尔发现红外光的实验。

3.2 黑暗中拍照

“月黑雁飞高，单于夜遁逃”，这是唐朝诗人卢纶《塞下曲》中的名句。单于之所以选择月黑风高的夜晚逃跑，是因为在黑暗中很难看到他的踪迹，从而不容易被追兵发现。如果现在让你用“黑”这个字来组词，碰巧你又是一个天文爱好者，那么我想第一个出现在你脑海中的词语必然是“黑洞”。黑夜和黑洞都有一个“黑”字，黑夜的“黑”和黑洞的“黑”是一样的吗？我们知道，黑洞能够吞噬所有的电磁波，因此从黑洞那里得不到任何电磁波的信息，视觉效果就是一个黑色的洞，这也就是黑洞这个名字的由来。那么黑夜的“黑”呢？赫歇尔的实验结果告诉了我们日光中还有红外光的存在，可惜我们的眼睛对这个波长并无响应。因此不管红外光有多“亮”，你都无法看到它。单于逃跑的那个夜晚，虽然可见光早已随着日落消失在了天际，但并不代表周围就没有其他电磁波存在。因此，“月黑雁飞高”的黑是按照眼睛传感器是否能感知到信号来定义的，是狭义的、相对的黑暗；而“黑洞”的黑指的是所有电磁波信号的消失，是广义的、绝对的黑暗。

既然单于不是在绝对黑暗的环境中逃走的，那么我们能否看到他的行踪呢？或者说，我们有没有办法在黑暗的环境下进行拍照或摄像呢？摄影高手马上会提出一个方案，那就是用闪光灯等外部光源来进行照明。可是从严格意义上讲,当你补光的时候周围环境已经不再黑暗了,虽然可以看清楚周围的情况,但是也必然会暴露观测者的信息,而我们这里所说的黑暗环境指的是观测者和被观测者都处在黑暗之中。这时,军事爱好者也许会建议我们试一试"夜视仪",一种在夜晚具有视觉能力的仪器。夜视功能主要是通过红外传感器来实现在黑暗中对待测对象进行观测。每一个传感器就好比是一个感光细胞,我们将传感器做成阵列,就如同人造了一个可以看到红外光的视网膜。夜视仪的发明起源于军事需求,现在也发展出了广泛的民用应用。

夜视仪按照原理分为主动式和被动式两种类型。主动式夜视仪包含了红外光源和红外传感器这两部分。主动式夜视仪采用了补光的思路,只不过补的是人眼感受不到的红外光。主动式夜视仪的红外光照到被观测者身上时,被观测者是不会看到这束光的。当这束光反射回来后,夜视仪里的红外传感器开始工作,测量反射光的信息并转换为电信号,然后通过辅助显示屏展现出来。主动式红外夜视仪是第二次世界大战末期发明出来的"黑科技"。一束束红外光就像是一支支暗箭,对于被观测者来说正所谓是"暗箭难防",难以被察觉。战争中,科技的领先必然会带来信息上的优势。为了打破这样的信息不对称,只有给被观测者也配备上具有红外感知能力的红外传感器,这样被观测者就能看到射向他的红外光,将这难防的暗箭变成易躲的明枪。主动式夜视仪现在已经普及到了我们的日常生活中,最有代表性的例子就是带有夜视功能的监控摄像头。监控摄像头主要用于对某一区域实时监控,白天光线充足的时候,正常成像就可以满足要求。到了晚上黑暗的环境中,监控器将打开自带的红外光源来“照亮”环境,再通过具有红外光电效应的传感器来进行探测,实现黑暗环境中的监测。

被动式夜视仪则是借助高灵敏度的红外传感器来实现对被测对象自身微弱红外辐射(热辐射)的探测。被动式夜视仪不需要红外光源来补光,而是通过红外透镜将被测物发出的红外光会聚并成像在红外传感器阵列上。每一个传感器再将红外信号转换为电信号并传送至处理器。经过处理的信号则被发送至显示器来实现辅助成像。因为取消了用于补光的辅助红外光源,被动式夜视仪对电能的消耗显著下降,同时也表现得更加隐蔽。

主动式夜视仪因为有外部红外光作为补充光源,所以成像的清晰度和分辨率远高于被动式夜视仪(图3.2)。主动式夜视仪好比是在一间暗室里,我们打开了一盏红色的灯来照明,不巧的是我们刚好戴了一副蓝色的眼镜。这种情况下,红色的光线是无法透过眼镜被视网膜感知的。也就是说,即使开了红色的灯,但是视觉效果还是黑色,正如我们无法看到黑暗中的红外光一样。现在,我们换一副红色的眼镜,就可以清楚地看到一个红色的世界,眼前的所有物品都因反射红光而变成了红色。不管是绿色的叶子还是彩色的花朵,在我们眼里都是红色的。通过红外夜视仪来进行观察也一样,所有的物体都在反射着主动夜视仪发出的红外光,夜视仪则赋

图3.2　主动式夜视仪(左)和被动式夜视仪(热像仪,右)所拍摄的影像。

予了我们能够看见红外光的“眼睛”。这时,夜晚将不再“黑暗”。

人类的眼睛在黑暗的环境中无法观测,那么自然界中有没有可以看穿黑暗的眼睛?的确,有些动物进化出了可以看到紫外线或者红外光的眼睛。比如,蚂蚁、蜜蜂、苍蝇可以感受到紫外线,这也正是为什么电子捕蝇器是用蓝色的灯光来诱捕苍蝇的原因;猫头鹰、响尾蛇、蚊子等生物能够看到红外光,所以仲夏的夜晚,即使在关灯之后,蚊子也能准确找到你并在你的耳边歌唱。

3.3　测温仪的秘密

2019年底突发的新冠疫情让红外测温仪广泛进入了大众的生活。这种测温仪是非接触式的,给我们带来了更加卫生的体温测量方式。同时,红外测温仪只需要几秒钟就能给出体温数据,而水银温度计则需要五分钟以上的时间,因此红外测温仪也是一种响应更加迅速的测温方式。那么,是什么原理实现了这样的无接触式测温呢?

我们先来看一看温度的本质是什么。温度是用来定量描述冷热程度的物理量,是微观分子无规则运动剧烈程度的宏观表现,温度和分子的平均平动动能一一对应,温度的本质就是分子的无规则运动。当所有分子都静止不动时,就是最冷的状态,这时的温度就是热力学温标中的绝对零度。热力学温标的单位为开尔文,和我们日常习惯用的摄氏度数值相差了273.16,热力学温标的绝对零度就是-273.16摄氏度,我们常说的一个大气压下,冰水混合物的温度为0摄氏度,在热力学温标里就是273.16开尔文。在分析和研究热力学问题时,我们几乎用的都是热力学温标。对于温度的本质是分子无规则运动这一结论,我们可以作一类比。一个教室里坐了许多同学,如果大家都安安静静地在自己的座位上,那么教室里是一种绝对安静的状态(绝对零度)。当有一个同学说话时,安静就会被打破(大于绝对零度)。随着越来越多的同学开始说话,教室里就会变得越来越“热”闹(温度越来越高)。

当物体的温度高于绝对零度时,就一定伴随着微观粒子的无规则运动,同时运动的粒子会向外辐射电磁波,这种由分子热运动产生的电磁波也被称为热辐射。

不同的温度对应了不同的分子运动情况,不同的分子运动辐射出的电磁波也有所差别，即不同温度下辐射电磁波的能量和波长并不相同。通过黑体辐射模型，可以很好地分析辐射能量和波长随着温度变化的规律，得出著名的黑体辐射三大定律。其中之一的维恩位移定律告诉我们辐射最强处的电磁波波长与物体的自身温度（热力学温标）成反比关系，或者说辐射最强处对应的波长与温度的乘积为一个常数——维恩常数。该常数在国际单位制下为0.0029米·开尔文。威廉·维恩（Wilhelm Wien）因此项工作获得了1911年的诺贝尔物理学奖。维恩位移定律告诉我们，随着物体温度的升高，其辐射最强处的波长将随之变短。我们可以做一些简单的计算，正常体温37摄氏度的人，辐射最强的波长为0.0 029 × 1 000 000/(273.16 + 37) = 9.35 微米，落在了不可见的红外波段。我们人眼所能看到的最长波长为780纳米，那么相对应的最低温度为2 900 000/780 = 3718开尔文（3445摄氏度）。当你看到蓝色的光线时（非化学效应），物体已经达到了2 900 000/450 = 6444开尔文（6171摄氏度）。这种颜色和温度的对应关系衍生出了"色温"一词。当你在通过软件处理照片时，当你在挑选台灯时，会遇到这个重要的参数——色温。复色光太阳光中530纳米左右的绿光最强，所以太阳光的色温为5500开尔文左右。使人们感觉到温暖的暖色调，其色温在3000开尔文左右，而色温升高到6500开尔文时光对应的是冷色调。

通过色温，我们也可推算出恒星的"寿命"，色温越低，寿命越长。找一个晴朗的夜晚，远离城市的喧嚣，我们抬头仰望，可以看

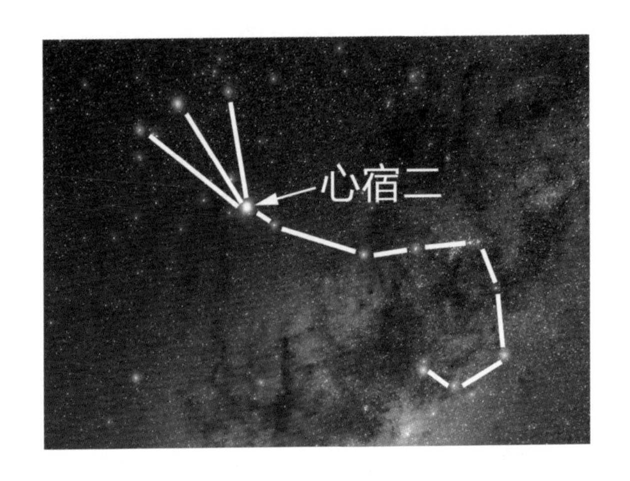

图3.3 天蝎座的心宿二。

到久违的星空。如果你用望远镜仔细观测，会发现星星的颜色是有差别的，有偏蓝色的，有白色的，还有偏红色的。比如天蝎座中心的心宿二看起来就是红色的，像燃烧时火焰的颜色（图3.3）。也正是这个原因，在古代我们的祖先给它起名为“大火”。红色表示心宿二的温度已经相对较低了，就像是快要熄灭的火焰，它已经到了恒星演化的后期，变成了一颗红超巨星，将在不久后（天文学意义上）发生超新星爆发。值得庆幸的是，我们赖以生存的太阳还处在壮年时期。据天文学家推算，再过50亿年，太阳也将变成一颗红巨星，发出红色的光芒。

当一个物体的温度高于3000摄氏度时，才能辐射出肉眼可见的红光。我们日常生活中涉及的绝大多数物体都处在室温附近，也就只能辐射出波长更长的红外光。我们周围的每一个生物、每一件物品都像灯泡一样在发射着不同“颜色”的红外光，只是我们人类的眼睛无法看到这一切。随着具有红外光电转换功能传感器的发明和发展，这些红外辐射便无法逃出人工的眼睛。

我们可以通过测量红外辐射，再结合黑体辐射三大定律，特别是斯特藩-玻尔兹曼定律（黑体表面单位面积在单位时间内辐射出的总能量与黑体本身的热力学温度的四次方成正比），也就是红外辐射的强度随着温度的升高而变强这一规律，来计算出物体表面的温度，这正是红外测温仪所依据的基本原理。红外测温仪包含了用于收集红外光的光学系统、用于感知红外信号并转换为电信号的光电传感器，以及后续的信号处理和输出显示模块。耳温枪和额温枪就是分别测量耳膜和额头发出的红外光来确定被测部位的温度，再通过液晶屏显示出体温的数据。

相比于简单的红外测温仪，我们有时更想知道温度的分布情况（热像）。因此，研究人员进一步将红外传感器做成阵列来实现成像功能，并通过显示屏给出被测物体的热像图。这个过程可以看作许多微型额温枪排列成方阵，然后对待测物品不同位置的温度进行测量，不同位置处的额温枪给出了不同位置处的温度，也就是每一个像素有一个对应的温度值，最终还原成为一副热像图显示在我们眼前。这也就是热像仪的工作原理。热像仪初期主要是应用在军事和工业生产中，疫情防护的需要加速了它进入大众视野的步伐。例如，为了疫情的防控，我们在商场进口处、地铁入口处经常会遇到红外热像仪，用来实时监测行人的温度。现在，红外热像仪在军事和民用中都有着广泛的应用。夜间侦察、追踪制导、火灾救援、工业测温都是红外热像仪大展身手的地方。我们可以用它来观察电路中有没有短路。因为如果有短路发生，相关位置的温度就会高，热像仪就可以看出这个地方的温度有所不同(图3.4)。上海17号线地铁上配备的是智慧维保供电平台，很多设备是用铁箱子包起来的。如果箱子里面有故障发生，温度就会相应地升高，通过红外热像仪提供的温度分布，很快就能搞清楚问题出在了哪里。当发生火灾时，我们可以通过红外热像仪探测情况，并协助现场救援。通过红外热像仪，我们还可以看到受伤的人在什么位置以及火苗的具体地点。然后，就可以高效地开展救援和灭火工作。

图3.4　红外热像仪拍摄的变压器照片。

红外热像图显示的是温度的分布图，那么温度相同的物体如果比辐射率相同，得到的像将会是一样的。也就是说，一个红苹果和一个绿苹果，如果它们都是室温20摄氏度，那么通过红外热像仪看这两个苹果都是一个颜色，无法对它们进行区分，这也就是我们看到的热像中细节很少的原因。两个物体的温度在热像仪眼里是否相同,取决于该仪器的温度分辨率。温度分别为20.5摄氏度和20.8摄氏度的物体在分辨率为1摄氏度的热像仪看来就是一样的温度,而如果热像仪的温度分辨率提高到0.1摄氏度,那么它就可以对这两个物体进行区分。因此,温度分辨率越高的热像仪,可以看到的温度分布细节就越多,包含的信息也就越丰富。热像仪的能力除了取决于关键的参数——温度分辨率以外,还有常规的空间分辨率、温度测量范围等相关参数。

我们现在常用的手机具有一项非常重要的功能,那就是用来代替数码相机进行摄像。手机的拍照功能随着手机的发展变得越来越强,像素越来越高,摄像头的数量从单个增加至三个。在手机的性能介绍中,经常会把夜间拍摄能力作为特色来进行宣传。但是不管手机的夜间拍摄模式多么优秀,如果不用闪光灯补光,它在黑暗的地方是无法拍摄照片的。你之所以能够看到我,是因为我反射了日光或灯光的光线,它们传入了你的眼睛。在没有光源的情况下,反射光就没有了,你也就无法看到我了。不过别急,我们人体本身还能发射出波长10微米左右,肉眼无法看见的红外光。我们给手机连接一个红外传感器,也就是给手机外接一个能够看到红外光的摄像头,这样一来,手机就变成了一部热像仪,即使在全黑的状态下,也可以进行拍照(图3.5)。来,让我们一起用热像仪拍摄一张“有温度”的自拍照吧!不用喊“茄子”,因为不管你笑还是不笑,热像是看不出来的。

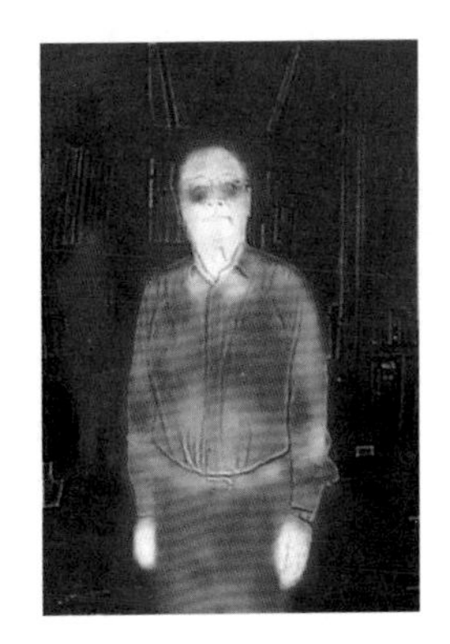

图3.5　本书作者之一褚君浩的红外自拍照。

3.4　一目了然

我们处在一个波的世界，世间万物将信息以波的形式传递出来，可见光波和可闻声波只占其中非常小的一部分。因此，人类只能窥豹一斑，大部分信息我们并无法感知。我们对于事物的理解就好比盲人摸象一样，虽然真实，但是片面。信息并不会因为不可见或不可闻而不重要，相反，往往在我们无法感知的世界里，包含了许多重要的信息。为了更好、更全面地了解万物，我们需要开发能够感知这些信息的传感器，还要能分析这些信息的含义。

有人的地方就有江湖，有温度的地方就有红外。不管白天或是黑夜，红外光一直伴随在我们的身边。红外光比可见光更广泛更普遍地存在于我们周围，世间万物都在向外进行着红外辐射，因此红外光可以带给我们很多有用的信息。

红外光有三大用途：

第一个是图像，我们在本章第二节“黑暗中拍照”里已经有所介绍。主动式夜视仪观察的就是红外光的图像。是待测物体在肉眼不可见的“红外补光灯”下所成的图像，赋予了我们在“黑暗”的背景中也可以进行观测的能力。

第二个是热像，也就是本章第三节“测温仪的秘密”中讲述的红外热像仪。凡是有温度的物体都在进行着红外辐射。如果你有特异功能，可以看到红外光，将会发现世间万物都在“发光”。热像反映的是物体的温度分布。

红外光的第三大用途是谱像，研究的是物体对不同波长红外光的发射或吸收情况。大多数物质在红外波段都有着自身独有的谱线（即选择性地吸收或发射特定波长的红外光），不同材料的谱线并不相同，就好比人的指纹一样，每一个人的都不相同。因此我们可以通过红外光谱中的“指纹峰”来对物质进行鉴别。

接下来我们就来看看红外技术是如何让我们看到更加丰富精彩的世界的。

大家回想一下，学生时代的你是否有过这样的经历，那就是你的父母下班回家后问你有没有偷看电视。如果你的回答是没有看,他们一般都会做一个动作,那就是去摸一下电视机的背面。我想聪明的你一定想到了,如果电视的背面是热的,那就意味着你撒谎了。这是家长和孩子长期斗智斗勇总结出来的经验。那么你有没有想过:这条经验为什么是对的?大多数人只会看到其中一个原因,那就是打开电视就会引起其机身发热。其实还有一样重要的第二点,温度的变化比较缓慢。如果温度的变化和关闭电源就马上黑屏一样迅速,那么家长们就要另想其他高招了。当然,如果碰巧你有一台红外热像仪,就可以省去用手摸的环节,直接用热像仪看看就一清二楚了。这一宝贵经验在现场还原中起到了重要的作用。

万物皆有红外,万事皆有因果,热像能够帮助我们寻找蛛丝马迹,为还原真实事件提供重要的依据。比方在一个案发现场,侦查人员发现在罪犯留下的手印和脚印中,有很多用来干扰的假信号。看来对方具有非常高的反侦查能力。不要急,拿出热像仪来,看看哪个是残留有余温的真手印和真脚印。我们还可以从温度的高低得出这些印记形成的先后顺序。

随着红外热像仪技术的发展,温度测量灵敏度和温度空间分辨率不断提高,看到的热像就更加清晰,所包含的信息也更加丰富。虽然你的动作、你的行为已经结束,但是你留下的余温还在。不妨想象以下场景:当你打开电脑,输入开机密码时,为了防止被别人看到你的密码,你在输入时有意进行了遮挡。密码确认后,你伸了伸懒腰,对自己的谨慎颇为满意。殊不知你头顶的热像仪正盯着你的键盘，虽然你已经输入完成，但是密码对应的按键上，还留存着你指尖的温度。热像仪就能清楚地看到是哪几个数字刚刚被敲击过，虽然并不能知道确切的敲击顺序，但是密码由哪些数字组成这一线索已经大大缩小了范围。如果这台热像仪的分辨率足够高，就能够看出按键温度的高低情况，而这个温度的高低和按键的先后顺序有关。很不幸，你的密码从此不再是秘密了。

“神不知鬼不觉”的军事行动是现代战争追求的目标。隐形飞机、隐形导弹、隐形舰船、隐形水雷、隐形坦克等各种隐形武器在军备竞赛中闪亮登场。这里的隐形指的是对“千里眼”雷达进行隐形，而不是像魔法一样对肉眼隐形。也许你会想，肉眼可见怎么还能叫作隐形呢？事实上，人眼对于战斗机的可视距离一般不会超过十公里，也就是说从你看到以音速飞行的战斗机到它来到你身边也就是弹指之间的事。因此，当你肉眼看到几公里外的战斗机时，隐不隐形已经不再重要了。针对雷达的隐形技术包括减少雷达的反射或吸收，偏转雷达的信号，以及利用武器的电子对抗设备对雷达实施强有力的干扰和诱骗等。所有招式都有破绽。这些隐形武器都需要燃料来提供动力，燃料燃烧时产生的高温就是隐形武器的破绽，温度的热像为探测和追踪隐形武器提供了线索。

“金玉其外，败絮其中”指的是我们只能看到金玉的外表，但无法看到其内部的情况。用物理的语言来说就是：外界的可见光无法穿透表面到达内部，或者内部自身发出的光无法穿透表面入射到人的眼睛，因此我们不能获知内部的情况。那么有没有办法在不做任何破坏的前提下，得知内部的信息呢？在了解了电磁波谱和传感器的知识后，我们可以给出一个肯定的答案。“透视眼”是穿透能力强的电磁波具有的一项本领。

X射线具有很强的穿透能力，已被广泛应用于医疗和安检中。你在打篮球时不小心扭到了脚，去医院检查。医生想要看看有没有骨折，他并不需要剖出一条刀口来看看里面的骨头是否受损，而是告诉你去拍摄X光片。X射线超强的穿透力能够穿过皮肤并携带出骨头的信息。行李安检也是一样，如果每个人都要打开箱子供安检人员查看，那我想排队的时间应该比很多行程的时间都要长。实际上我们只需要让X射线进入行李箱看一看就一目了然了。

虽然X射线具有透视功能，但是X射线光子的能量太高了，高到会对人体产生一定的损伤，这也是为什么不建议经常拍摄X光片的原因。前面介绍的太赫兹波也具有很好的透视能力，而它的光子能量比X射线光子的能量小了五个数量级左右，因此对人体带来的危害仅是X射线的十万分之一，几乎做到了人畜无害。太赫兹波不仅能够透视，还能够通过光谱的信息分析内部物质的成分。也就是说，太赫兹波不仅能够看穿表面，看到行李箱里面有一个水杯形状的物体，还能够看清楚里面具体是什么，是一个金属水杯，还是一个玻璃水杯。因此，太赫兹波更像是火眼金睛，不仅可以一目了然，更能做到知其然知其所以然。

让我们回到红外线。先来做一个实验，打开手机的闪光灯，然后把手指按在上面，看看会发现什么？没错，你的手指透出了柔柔的红光。这意味着红光比其他可见光具有更好的穿透能力。虽然各种颜色的光线都在同一起跑线上，但是蓝光、绿光都没能坚持跑完全程，只有红色冲过终点透射了出来。接下来我们对实验进行稍微的改动，这次用手掌代替手指来遮住闪光灯。很可惜，红色也没能完成穿透。可以说，红光具有一定的穿透能力，但是并不强大。红光和近红外光并不能像太赫兹波或X射线一样拥有一双"透视眼"，但是在对于穿透能力要求不高的情况下，我们可以用它来拨开云雾，看清雾里之花。

苹果、桃子等大多数水果的表皮比较薄，我们就可以用红外相机对水果的果肉进行拍照(图3.6)。很多水果的变质都是从内到外开始腐烂的，我们很难通过肉眼将其辨别出来。如果我带着一个红外相机去买水果，让红外光来检查一下果肉的情况，那么水果摊里哪个果子是好的，哪个果子是坏的，在我眼里就一清二楚了。

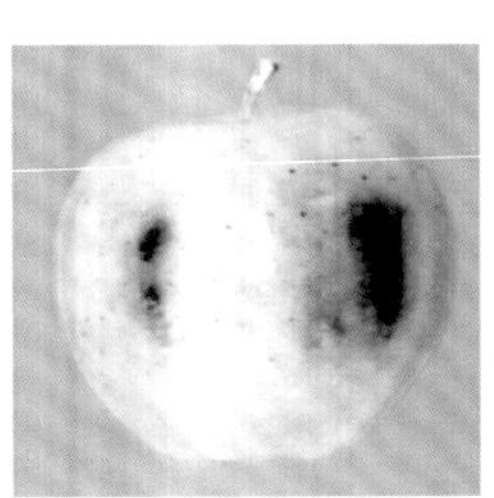
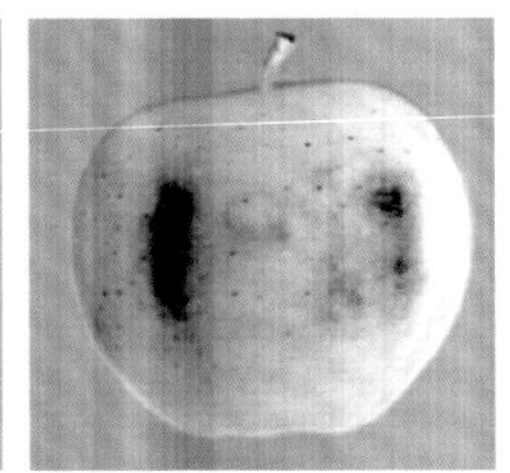

图3.6　可见光(左)和短波红外光(中、右)拍摄的苹果。

烟雾对于穿透能力的要求并不是非常苛刻,因此我们可以借助红外光来透过迷雾看清真相。2019年4月15日法国巴黎圣母院的大火牵动着所有人的心,这座800余年历史的古老建筑是法国人民的精神支柱。在救援过程中,我国的大疆无人机载着热像仪升空,对燃烧发出的红外光进行探测。哪里火势凶,哪里有着火点就不再是雾里看花,而是变得了然于目。红外热像探测准确高效地协助了灭火工作,将损失降到了最低。再举个例子,2019年底澳大利亚的森林大火肆虐,有许多动物被困在里面。借助于动物自身发射的红外光,我们就可以通过卫星上的红外热像仪来搜寻森林里面的动物,而不需要消防员冒着生命危险去开展地毯式搜索。汤加火山用自我爆发的方式迎接2022年的到来。火山灰和上升的气体严重影响了卫星的直接观测,还好有红外成像系统来帮助我们获取温度分布等重要的信息。

自然界中很多动物都会通过保护色来进行伪装(图3.7),有的是用来保全自己弱小的生命,有的则是不让猎物发现自己的行踪。不管是在动物园,还是在照片中,我们想要找出它们并不是一件容易的事情。在这一自然选择的启发下,由绿、黄、黑等不规则色块组成的迷彩成为了士兵的保护色。迷彩服能够很好地融入周围的环境,从而具有非常出色的伪装效果,因此我们很难在草丛中找出身穿迷彩服的士兵。以上的伪装都是建立在可见光的基础之上,与环境无差别的颜色是其难以被察觉的根本原因。如果我们能够找到观测目标与环境传递出的不同信息,那么就能揭开伪装的外衣。没错,红外辐射就是我们要寻找的突破口。有生命的动物和人与周围环境的红外辐射大不相同,因此,在红外热像仪的眼里,这些伪装者的位置都一目了然(图3.8)。

图3.7 自然界里的伪装动物:顺时针顺序分别为:矛翠蛱蝶(*Euthalia aconthea*)幼虫,枯叶蛱蝶(*Kallima inachus*),(*Achaeus japonicus*),东美角鸮(*Otus asio*)。

图3.8 隐藏在树丛中士兵的普通照片(左)和红外热像图(右)。

3.5 红外工程

红外技术是科学研究中非常重要的一种方法。除了实验室之外,红外设备在很多国之重器上都起着关键的作用。

红外光不仅可以用来成像,还能够通过红外光谱来判断被测物是由什么成分组成的。再结合红外光具有一定的穿透能力,就可以透过表面感知到内在。这些特点是不是看着似曾相识呢?没错,太赫兹波也具有这些功能,谁让太赫兹波和红外光是邻居呢!当然,也并不是完全相同,红外光的穿透能力比太赫兹波还是差了一些。红外光的波长越靠近可见光(近红外),穿透能力就越差;越靠近太赫兹波段(远红外),穿透能力就越强。

如果测出了某个物体的红外光谱,就可以通过光谱的特征来分析这个物体的成分,从而知道它到底是什么。比如我们吃的水果红苹果、樱桃、梨、青葡萄等,它们对电磁波的吸收特征都不一样。我们可以用光谱仪把它们的波谱特征标记出来,并存在数据库里面。等到以后碰到成分未知的果肉时,就可以用光谱来判断出它是什么水果。再比如,生菜不同阶段的光谱特征也是不一样的,把它的光谱测量出来,输入到数据库中,以后就可以通过做比对来判断蔬菜有没有成熟。我们还可以把水稻的光谱存入数据库，通过航拍来获得水稻田的图像和光谱，再通过对比光谱的强度等特征，就可以非常方便地掌握水稻的亩产是多少斤。

装配了多光谱系统的大疆无人机除了可以航拍美景之外，更为重要的是能够为我们提供详细的植被信息。大疆精灵4多光谱版的成像系统集成了1台可见光相机和5台多光谱相机（450纳米蓝光、560纳米绿光、650纳米红光、730纳米红光和840纳米近红外光），分别负责可见光成像及多光谱成像。我们可以借助精灵4多光谱版来精确采集多个波段的光谱数据，然后通过"近红外区与红光区的反射率差值"除以"近红外区与红光区的反射率和值"来计算出"归一化植被指数"（Normalized Difference Vegetation Index，NDVI）。NDVI是目前多种植被指数中应用最广的一种，能够反映出植被的生长状态和植被的覆盖度（图3.9）。在未来的农业生产中，配备红外传感器的无人机将成为一种全新的农业监测工具，使我们向智慧农业的目标前进一大步。

图3.9　农作物的可见光与NDVI图像。

如果把红外传感器装到卫星上，然后进行对地观测，就好比航天器拥有了一双能够看到千里之外的“千里眼”，实现了遥远的感知，我们称之为航天遥感。我国的风云四号气象卫星上就装备了干涉式大气垂直探测仪，这是国际上第一台在静止轨道上以红外高光谱干涉分光方式探测大气垂直结构的精密遥感仪器。通过该探测仪，我们成功获取了全球首幅静止轨道地球大气高光谱图。作为第一次露出真容的大气高光谱图，这些红外谱线到底包含了什么信息呢？

为了获得大气的三维结构，我们需要在垂直高度上进行“探空”。最初，我们是在地面上用气球进行“探空”的。气球携带着温度、湿度等传感器从地面不断升高，一边上升，一边测量数据，并把数据传回给地面用于跟踪和接收的雷达。这样的直接测量方式能够给我们提供非常准确的大气温度和湿度。一般情况下，能够垂直测量的高度上限为30千米。这样的探空方式在陆地上非常方便，在探空站放飞一个气球就好。但是问题来了，在漫无边际的大海中，我们无法建立这样的探空站，因此我们无法获得海洋上大气的信息。此外，大气的情况会随着时间快速地变化，因此探空站探测的数据具有一定的滞后性。

目前，基于卫星的红外和微波被动探测已经成为了国际上的主流方案。通过卫星上的红外传感器进行大气温度和湿度三维结构的探测，可以实现全球覆盖，而静止气象卫星更具优势——它可以高频次地获得观测数据。接下来的问题是：如何在卫星上实现大气三维结构的测量？这时，红外光谱的优势就展现出来了。我们通过不同的光谱通道来实现大气温度和湿度的探测。比如，选择大气混合比稳定的二氧化碳红外吸收带来探测大气的温度廓线；选择水汽红外吸收带来探测大气的湿度廓线。不同的二氧化碳吸收通道探测到的红外辐射主要来自特定的高度层，并对该高度的大气温度变化敏感，利用此原理可以获得大气温度的垂直分布信息。同样，不同的水汽吸收通道对不同高度层的湿度变化敏感，从而可以获得大气的湿度垂直分布信息。

要满足数值预报对大气探测精度的要求，高光谱红外探测是最佳的技术路径。高光谱探测的优势在于探测通道的高光谱分辨率，分辨率越高，受到臭氧等其他气体的干扰就越小，从而对特定高度层的敏感程度也就越高。高光谱探测不仅提高了大气温度和湿度探测的精度，而且也提高了大气探测的垂直分辨能力。

由中国科学院上海技术物理研究所研发的风云四号卫星多通道扫描成像辐射计和干涉式大气垂直探测仪（GIIRS），是国际上首台在静止轨道上工作的精细光谱探测仪器（图3.10）。GIIRS有包括可见光到红外线的超过1600个探测通道，应用了灵敏的窄禁带半导体碲镉汞红外探测器。不同高度的大气对不同探测通道的红外辐射贡献存在差异（图3.11）。根据这些差异可以反演出大气温度、湿度的三维结构。这台GIIRS以干涉方式获取红外高光谱探测数据，能在36 000千米轨道上进行定点观测，不仅扩大了探测范

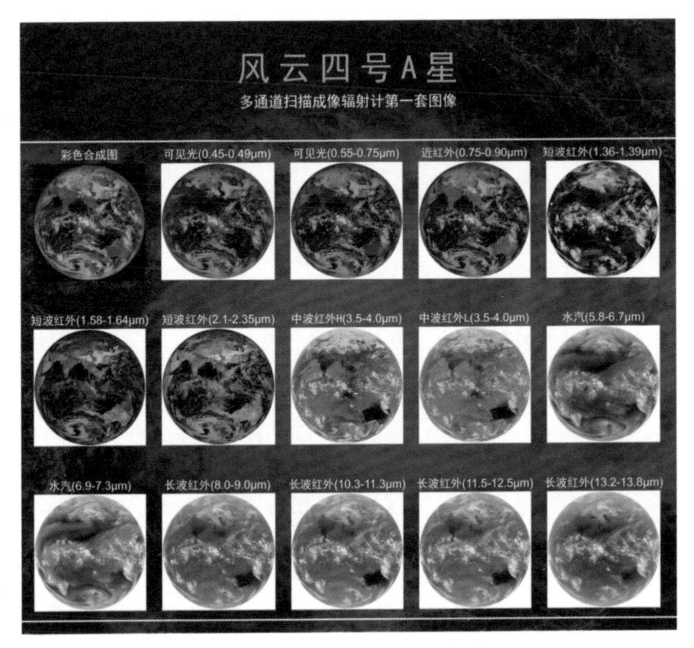

图3.10　风云四号A星提供的图像。

围，实现幅宽超过600千米的大范围探测，有效覆盖了影响天气的目标敏感区域，而且还大大缩短了数据获取的时间。GIIRS可以对我国及周边地区间隔仅16千米的大气，进行1小时一次的温度和湿度的垂直探测。特别是对海洋上空这样缺少常规探空观测的区域，也能获得详细的信息。利用该仪器感知到的大气信息，可以提前数小时监测到暴雨发生前的环境变化，在晴朗无云的大气中提前发现极端天气的蛛丝马迹。2018年，GIIRS在“玛莉亚”“安比”等诸多台风的监测和预报过程中不负众望，发挥了重要的作用，对台风的路径和中心降雨情况给出了准确的预测(图3.12)。这台基于红外光的大气传感器为人类深入研究大气对流，更精细预测灾害

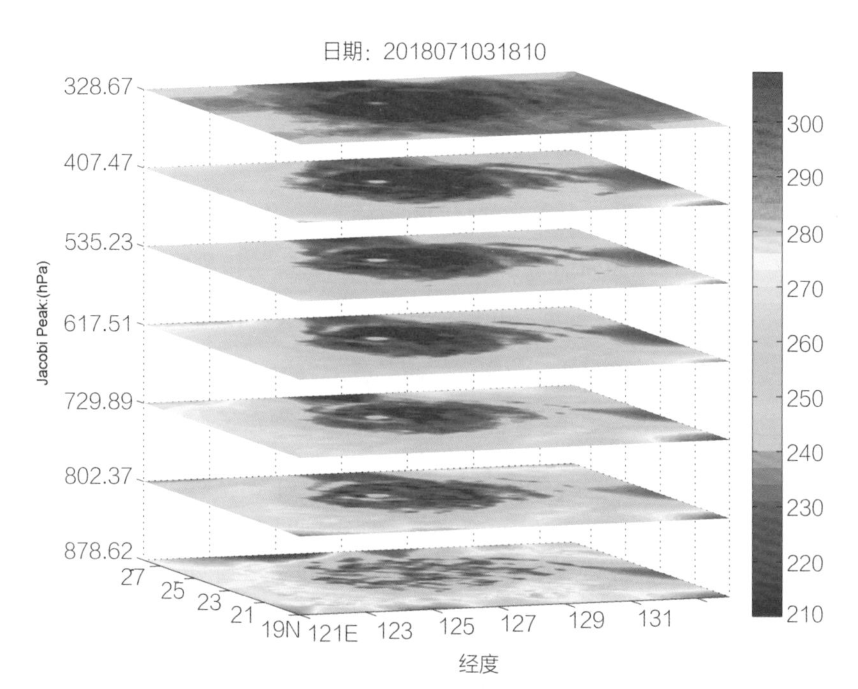

图3.11 风云四号卫星上的干涉式大气垂直探测仪给出在7个长波红外通道的红外辐射亮温垂直分布图。

图3.12 "利奇马"登陆时风云四号A星拍摄的红外增强云图。

性天气提供了新的可能,具有非常广阔的应用前景和重大的社会价值。

玉兔号月球车背着光谱仪,乘坐嫦娥三号去了月球(图3.13)。玉兔号对月球表面的土壤进行了光谱分析,通过和数据库里的元素光谱进行比对,就可以知道月球的土壤到底是什么成分。嫦娥四号则带着玉兔二号月球车去探索月亮的背面。我们知道月亮的背面永远背对着地球,也就是说我们在地球上是永远看不到月亮的背面的。曾经有一颗陨石坠落在月亮背面,剧烈的碰撞将月亮内部的物质都打出来了,散落在这个撞击坑的边上。我们的月球车就在坑边进行光谱探测,通过光谱分析这些撞击出来的物质,就可以揭示月球土壤里面究竟包含了哪些元素和物质。

图3.13 嫦娥四号(左)与玉兔号月球车(右)。

汶川地震的时候,我们的卫星正好不在四川上空,就请了美国的"锁眼"光学成像军事侦察卫星来帮助我们看看灾区的情况。这颗卫星的红外传感器为我们提供了灾区晚上的图像,为救灾提供了宝贵的信息。

含氧的血红蛋白与不含氧的血红蛋白在近红外波段的吸收率有着非常大的差别。血氧仪的工作原理就是基于这个吸收率的不同来获得血氧饱和度。在此基础上，发展出了fNIRS（Functional Near Infrared Spectroscopy，功能性近红外光谱技术），这是一种和EEG（脑电图）一样的非侵入式的脑功能成像方法（图3.14）。通过对大脑活动时氧合血红蛋白和脱氧血红蛋白的感知，可以实时监测大脑皮层的血液情况，从而了解大脑的神经活动。fNIRS和EEG各有优势。fNIRS具有良好的空间分辨率，EEG则能提供非常高的时间分辨率。如果将这两种大脑的成像方式相结合，我们能够实现在高时间分辨率和高空间分辨率下以非侵入的方式来测量大脑的活动。该技术在脑科学中有着非常好的应用前景。

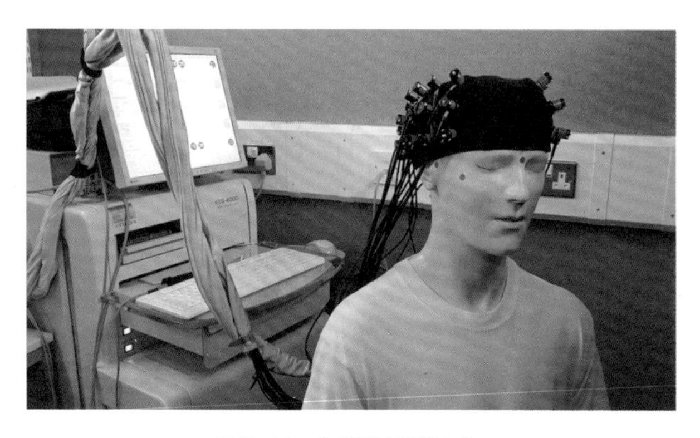

图3.14　fNIRS检测技术。

随着脑科学和传感器的发展，这些技术在将来会变得更加先进。通过传感器将能感知到你有没有在说谎，感受到你的心情是高兴还是悲伤。传感器不仅可以仿生人类的五感，甚至在某些方面具有更强的感知能力，还可以带给人们“第六感”、“第七感”。有研究表明，大部分人在撒谎时，鼻尖的温度都会升高1.5摄氏度。如果有人具有像热像仪一样直接看到温度的本领，那么他就可以观测到说谎者鼻尖上的温度变化，从而具备了判断他人是否说谎的特异功能。再结合fNIRS带来的脑部活动情况，可以大大提高谎言鉴别这一“第六感”能力。

3.6 太空中的红外之眼

红外观测在天文学、宇宙学中有着不可替代的重要位置，通过红外光谱能够感知到宇宙的膨胀，也是我们用来寻找“第二个地球”的重要手段。

2021年12月25日发射升空的詹姆斯·韦布空间望远镜（James Webb Space Telescope，缩写JWST，下文简称“韦布”）拥有两种类型的红外传感器，分别是用来探测0.6微米到5微米波段的近红外相机（Near-Infrared Camera，NIRCam，图3.15左），以及探测5微米到28微米波段的中红外仪（Mid-Infrared Instrument，MIRI，图3.15右）。这两个性能卓越的红外传感器是最新科技的结晶。詹姆斯·韦布空间望远镜将用于研究宇宙成长过程中的每一个阶段：从大爆炸后的第一次发光，到星系、恒星和行星的形成，再到我们自己栖身的太阳系的演化。在美国航天局的网站上我们可以看到“韦布”的四个科学主题：

1. 黑暗时代的终结:具有红外视觉的“韦布”将是一台强大的时间机器,可以看到130多亿年前在早期的黑暗宇宙中第一批恒星形成时发出的第一缕光。

2. 星系演化:“韦布”的红外传感器具有前所未有的灵敏度,天文学家将能够看到最早的星系,通过与现在的星系进行比较,帮助我们了解星系是如何在这数十亿年的时间里集合而成。

3. 恒星的诞生:“韦布”的红外传感器能够透过巨大的尘埃云,观测里面的信息,这里隐藏着星辰诞生的秘密。这是利用可见光观测的哈勃太空望远镜无法实现的功能。

4. 行星系统和生命起源:“韦布”将能告诉我们更多系外行星的大气情况,甚至可能找到宇宙中其他生命的踪迹。

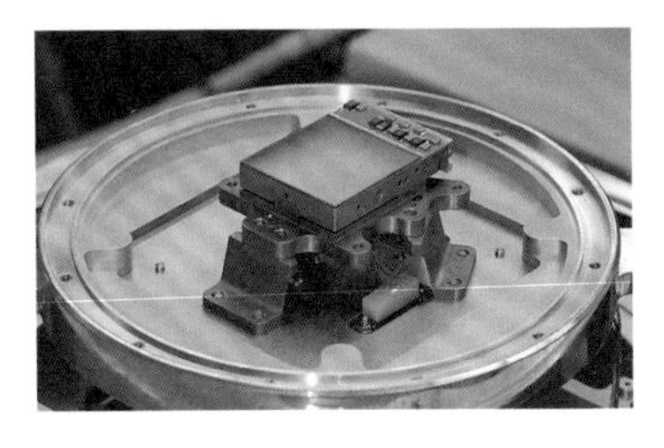

图3.15 左图:詹姆斯·韦布空间望远镜配备的近红外相机中使用的传感器(0.6微米到5微米),紫色部分为碲镉汞薄膜。右图:中红外传感器(5微米到28微米),绿色部分为掺砷硅。

由于光以有限的速度传播，早期宇宙所发出的光经过数十亿年的传播才来到了我们身边（图3.16）。这些光的波长由于宇宙膨胀引起的红移效应已经变得很长，因此需要高灵敏度的红外探测器才能看到早期宇宙的样子。2022年夏天，“韦布”用它的“红外之眼”搜索宇宙中遥远的星系，这是人类对宇宙大爆炸后不久形成的星系群进行的最高精度的探测。这将是解开星系演化之谜的钥匙，是研究宇宙历史真相的关键。

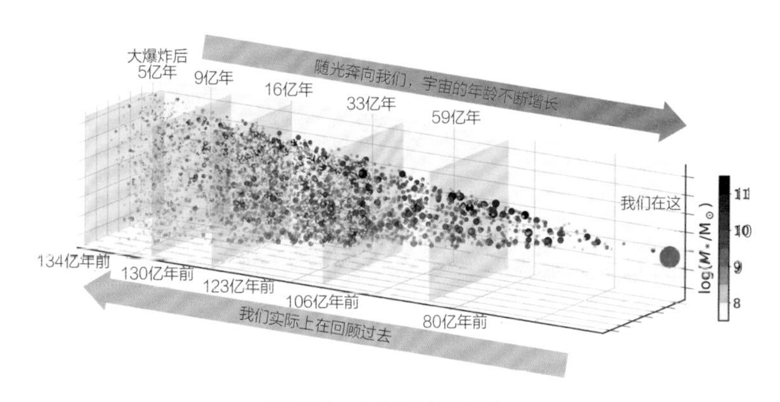

图3.16　宇宙的演化过程。

不负众望，2022年7月11日，“韦布”提供了迄今为止最深远、最清晰的宇宙红外图像，这也是它的第一张深场照片（图3.17）。研究人员将“韦布”的近红外相机拍摄的不同波长的图像进行合成，最终得到了这张深场照片。这张照片显示了距离我们46亿光年的星系团SMACS 0723，这是一个包含了数千个星系的星系团。当我们看到这个星系团时，其实是46亿年前的它，它发出的光花了数十亿年才到达地球。同时，由于星系团SMACS 0723的引力透镜作用(简单理解就是可以将整个星系团看作一个放大镜),放大了它身后更远的星系,其中有一些是在宇宙形成十几亿年时就已经存在的星系。当我们看到这些星系时,我们正在回望大约130亿年前的宇宙,也就是大爆炸后十亿年的宇宙。

有的读者可能会好奇,通过这张图片如何来确定星系年龄呢?事实上詹姆斯·韦布空间望远镜除了拍照以外,还能通过它装配的近红外光谱仪(Near-Infrared Spectrograph,NIRSpec)来获得光谱数据。宇宙学家和天文学家可以借助这些光谱信息确定星系的更多细节。我们可以通过谱线的红移来推算出星系的年龄(图3.18)。在这张众多星系的合照中,有一个星系发出的光已经在宇宙中行走了131亿年。当你注视那个暗红色的小点时,那是来自131亿年以前的信息,那是它131亿年以前的样子。

图3.17 詹姆斯·韦布空间望远镜拍摄的星系团SMACS 0723。

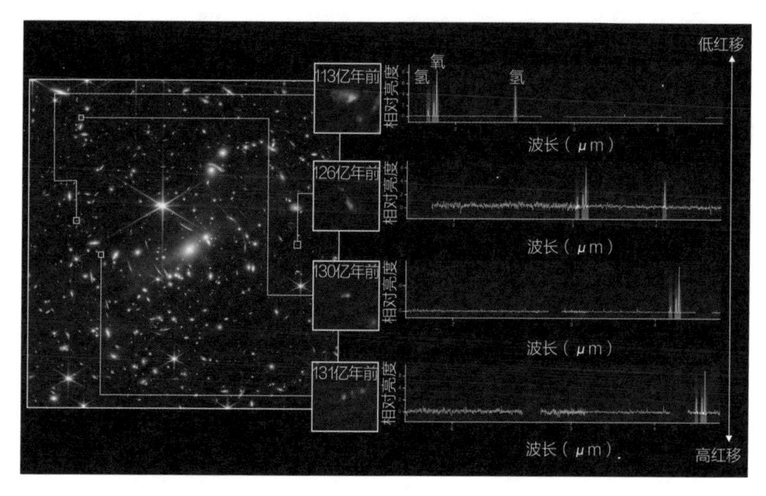

图3.18 近红外光谱仪(NIRSpec)测得的红移谱线。

近红外相机和中红外仪是“韦布”上配备的两件神器，它们都是用来感知红外光，那么所探测到的天体信息区别大么？“韦布”给出了漂亮的解答。这两台相机分别拍摄了约2000光年之外，编号为NGC 3132的南环星云的图像(图3.19)。左边近红外相机拍摄的图像中，恒星及其光层非常显眼；而右边中红外仪给出的图像中，首次拍摄到了第二颗星星的面貌，这是一颗恒星结束生命后留下的白矮星，图像中外面的壳层就是它喷出的气体和尘埃。韦布空间望远镜强大的红外传感器观测到的这些新细节将帮助我们更好地了解恒星的演化。

韦布空间望远镜的近红外光谱仪和中红外仪不仅为我们提供了图像，还为我们提供了多维度的光谱信息。凭借其强大的红外传感器和极高的空间分辨率，“韦布”首次揭示了星系群斯蒂芬五

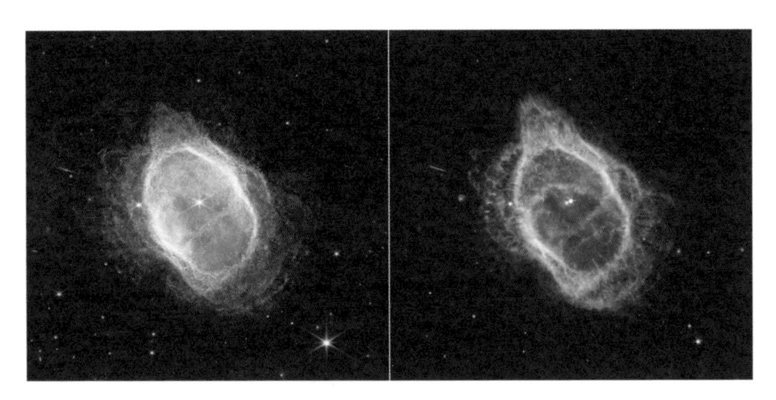

图3.19 分别由近红外相机（左）和中红外仪器（右）拍摄的星云NGC 3132的图像。

重星系（希克森致密星系群92，HCG 92）的细节（图3.20）。其中四个紧密相连的星系上演了一段“宇宙之舞”。韦布空间望远镜强大的红外光谱探测能力可以揭示星系并合，以及星系之间相互作用等过程。星系之间的相互作用可以推动星系内新恒星的孕育。这些光谱信息对研究星系的演化至关重要。

图3.20 斯蒂芬五重星系。

当行星从其母恒星前面经过(凌星)时,一部分恒星发出的光线将穿过行星的大气层,大气层内的物质会吸收其特征波长处的光线。通过对比凌星前后的恒星光谱,便可以得知哪些波长的光被行星的大气吸收了。由于不同的物质都拥有自己的特征谱线,而且大部分都分布在红外波段,从而可以通过凌星前后恒星的红外光谱信息反推出行星大气层内的元素和成分,最终用来判断该行星是否具备适合生命存在的必要条件,或者是否已有生命存在的迹象。

韦布空间望远镜的近红外成像无缝光谱仪(Near-Infrared Imager and slitless Spectrograph, NIRISS)可以为我们提供丰富的光谱信息,是我们发现第二个地球或寻找外星生命的利器。现在"韦布"正在日地第二拉格朗日点(这是太阳和地球引力的平衡点,无需动力即可实现同步运动)看星星呢! 真巧,它在观测1150光年外的系外行星WASP-96 b(气态巨行星,质量不到木星的一半,直径是木星的1.2倍)时,发现凌星期间星光整体变暗。通过波长在0.6微米到2.8微米之间的红外透射光谱研究行星大气时,发现了水蒸气的明显特征,以及存在云和薄雾的证据(图3.21)。"韦布"250平方米的镀金反射镜可以有效地收集红外光,再通过红外传感器来感知分析,获得迄今为止关于系外行星大气最详细的近红外吸收光谱。

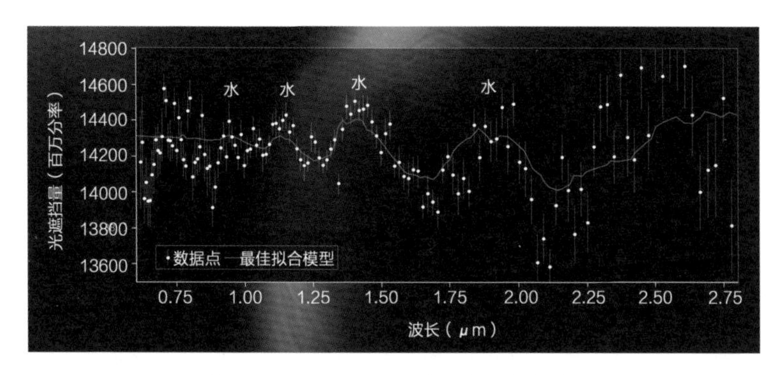

图3.21　WASP-96 b的大气吸收光谱。

研究人员能够通过光谱测量的结果来给出大气中的水蒸气量，各种元素（如碳和氧）的丰度，并估计大气温度和高度。然后，他们可以利用这些信息来推断这颗行星的整体构成，以及它是如何、何时和在哪里形成的。韦布空间望远镜装备的这些优秀的传感器使得该望远镜有能力详细描述系外行星的大气层，包括那些潜在可居住行星的大气层。“韦布”未来在寻找潜在宜居行星方面将发挥出重要的作用。也许在你阅读本书时，它刚好也发现了一颗类地行星；也许在你阅读本书时，外星文明正在用他们的传感器观察拉尼亚凯亚超星系团-室女星系团-本星系群-银河系-猎户臂-古尔德带-本地泡-本星际云-太阳系-第三行星：地球。

小到电动门的红外感应器，大到卫星的红外焦平面；或如健康检测红外测温仪之普及，或如太空红外望远镜之唯一；能够感受大气，能够探知心灵。红外处处皆是，红外无所不能！

第4章 比五官更灵敏

4.1 分子传感器

“色香味俱全”是对一道佳肴的肯定,我们在前面的章节里介绍的电磁波(特别是可见光)就是对“色”的感知,借助电磁波的传感可以仿生出具有视觉效果的器件。“色香味”里的“香”和“味”,顾名思义,是属于嗅觉和味觉的感受。我们的嗅觉和味觉是天然的分子传感器,是通过感知分子的“气味”或“味道”,以及相关分子的含量来实现的。分子传感器也是传感器发展的一大方向。

我们能够闻到各种气味,是因为我们鼻腔中的嗅觉细胞能够感知到分子的“气味”(图4.1)。王安石的《梅花》写道:“墙角数枝梅,凌寒独自开。遥知不是雪,为有暗香来。”梅花的油细胞分泌出有梅花香气的芳香油,芳香油扩散在空气中,然后这些飘散的气味分子被我们吸入到鼻腔里的嗅感区。气味分子在嗅感区域内会发生物理化学反应,并生成电信号传入大脑。大脑对这一信号进行处理分析后告诉我们这是一种什么样的气味,我们再和记忆里保存的气味进行比对,最终得出这是梅花的香味。

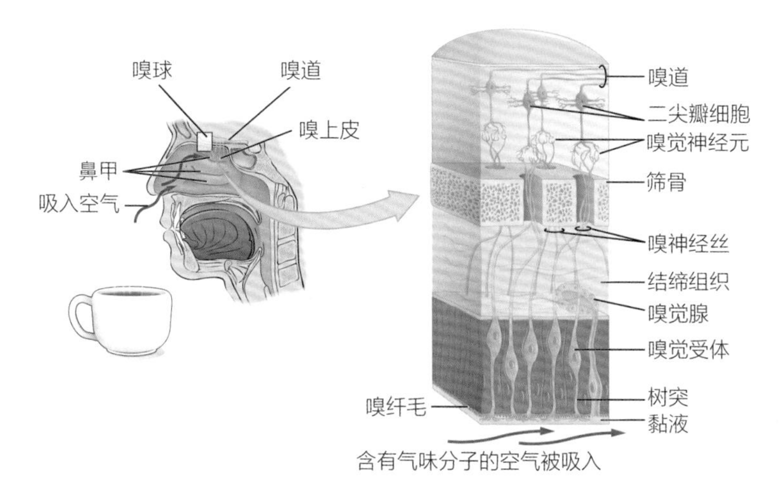

图4.1　嗅觉示意图。

那么气味分子在嗅感区域内到底发生了什么？理查德·阿克塞尔(Richard Axel)和琳达·巴克(Linda Buck)告诉了我们事情的真相。原来，人类大约用了一千个基因来编码出不同的气味受体，也就是说，我们拥有约一千种不同型号的气味传感器。每个气味受体细胞只配备一种气味传感器，并且每个传感器只能到闻到有限的几种分子"气味"。当气味分子进入嗅感区后，相关的传感器感知到了该气味分子，并将感知到的信息汇报给了相应的嗅球，嗅球将信息汇总后上报给了大脑。绝大多数气味都包含了多种气味分子，每种气味将被多种不同型号的气味传感器感知，也就是说，气味是不同型号气味传感器所感知到信息的组合。鼻腔里这一千种型号的气味传感器为我们组合出了一万种不同的气味。一种传感器好比是一个单色光或一个纯音(单一频率的声音)，而气味就好比是复色光或复合音。正如颜色有暖色和冷色之分，声音有不同的和弦一样，不同的气味分子组合出了十大气味类别（表4.1），分别是芬芳味（薰衣草、古龙香水、玫瑰）、树脂味（青草、烧焦、发霉）、非柑橘类水果味（草莓、菠萝、樱桃）、腐味（烂肉、肥料、汗液）、化学物味（油漆、酒精、煤油）、薄荷味（樟树、茴香、茶叶）、甜味（香草、焦糖、巧克力）、爆米花味（黄油、蜜糖、炸鸡）、刺鼻味（大蒜、洋葱、硫化物）和柠檬味（脐橙、柚子、柠檬）。

表4.1 气味的分类

芬芳味	树脂味	非柑橘类水果味	腐味	化学物味	薄荷味	甜味	爆米花味	刺鼻味	柠檬味
芳香	霉味	香甜	腐烂	麻醉剂	凉爽	香草	烧焦	洋葱	柑橘
古龙香水	味道	草莓	酸牛奶	清洗液	甜	焦糖	温暖	味重	甜
紫罗兰	烧焦	菠萝	汗液	医药	茴香	巧克力	味重	家用天然气	凉爽
轻盈	草药/割草	香蕉	排泄物	油漆	香料	轻盈	坚果	烧焦	草药/割草
玫瑰	雪松	轻盈	味重	酒精	医药	温暖	油脂	尖酸	香
甜	刺激	樱桃	恶心	松树油	芳香	麦芽	花生黄油	硫化物	轻盈

理查德·阿克塞尔和琳达·巴克在人类嗅觉器官工作原理上的突破性发现为他们赢得了2004年的诺贝尔生理学或医学奖。

“唐宋八大家”之一的宋代诗人苏东坡，还有一个身份是美食家。很多美味菜肴以他的名字命名，比如“东坡肘子”“东坡豆腐”“东坡腿”“东坡饼”“东坡豆花”“东坡肉”等。他常常会通过诗句来表达对美食的热爱,"小饼如嚼月,中有酥与饴"及"长江绕郭知鱼美,好竹连山觉笋香"都是他对美味的表白。人们对美食的感受,有前面介绍过的"色"和"香",但最为重要的当属"味"。我们能够品尝到酸、甜、苦、鲜和咸这人间五味,要归功于舌头上味蕾里的味觉细胞,它们能够品尝出分子的"味道"(图4.2)。

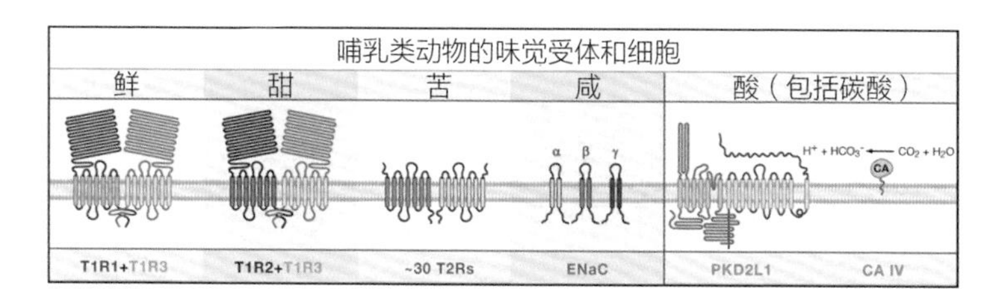

图4.2 五种基本味觉的受体结构。

味蕾是我们与生俱来的味觉传感器,主要集中在舌头的表面和边缘。舌头上不同部位的味蕾对不同味道的敏感程度不同,舌尖对甜味比较敏感,舌的两侧中部对酸味最为敏感,舌两侧前部对咸味敏感,舌根则对苦味比较敏感。同时,味觉的敏感度还与食物的温度有关,20摄氏度到30摄氏度是味觉传感器最敏感的温度区间。融化后的冰激凌吃起来更甜,冷掉的汤喝起来味道更浓,都是日常生活中温度对味觉产生影响的例子。大家不妨试一试,把一杯糖水分成两份,一份放入冰箱降温至10摄氏度以下,另一份控温在30摄氏度,品尝一下哪一杯更甜。

有一种山榄科常绿阔叶灌木,能够结出红色的椭圆形果子,我们称其为"神秘果"。既然在这里介绍这种红色的果子,我想大家一定猜到它和味觉有关。对的，它的神秘之处不是说它像《哈利·波特》里的怪味糖一样有着千奇百怪的神秘味道，而是因为它可以改变我们的味觉！当你吃了神秘果之后，再去吃其他有酸味的东西，都会尝到甜甜的味道。为什么会有如此神奇的效果呢？无非两种可能，一种是神秘果能够改变后续食物的分子结构使其变味；第二种是神秘果能够影响我们的味觉传感器"味蕾"，使得我们感受到的味觉信息发生变化。经过科学家的分析和研究，其真正的原因是第二种情况。神秘果包含一种能够调节味蕾的糖蛋白。当在酸性环境中pH值发生变化时，这种糖蛋白可以抑制舌头感知酸味的味蕾，使其暂时失去知觉。同时又刺激感知甜味的味蕾，使其兴奋，变得更加敏感。当你吃完神秘果后的两小时之内再食用其他酸性食物时，就不会感到酸味，只会感觉到甜味。这倒是给了我们一种启发，需要控制血糖的人可以通过"操控"味蕾传感器来满足想吃甜食的嘴瘾。

酸、甜、苦、咸、鲜是大家公认的"五味"，这五种不同的味觉感受和相应的味道分子有关，并且其他的味道都是由这五种基本味道混合而成。氢离子能带来酸味的感觉，葡萄糖可以让我们感受到甜味，氯化钠是引起咸味的关键，谷氨酸为我们提供了鲜味，含氮有机分子能让我们品尝到令人不悦的苦味（表4.2）。

有读者可能会想：不对呀，不是应该还有辣味么？我们去吃川菜、湘菜、火锅或者烤肉等美食时，往往会请你对口味进行选择，是

表4.2 不同的味道分子带来不同的味觉感受

酸味	氢离子	食醋
甜味	碳水化合物	葡萄糖、果糖、甘油
咸味	氯化钠	食盐
苦味	含氮有机分子	咖啡因、尼古丁
鲜味	谷氨酸钠	肉类、味精

微辣、中辣，还是重辣。“吃香喝辣”“无辣不欢”和“酸甜苦辣”这些俗语不都表明了辣是一种味道么？但是，在上面的五味“酸、甜、苦、咸、鲜”中居然没有最能给食物添加滋味的辣。在解释这一问题之前，我们先一起回忆如下的场景：当你不小心把辣椒涂抹到手上后，手上会感到火辣辣地痛。而如果将辣椒换成盐、醋、糖等五味，你将不会有任何感觉。这说明，辣不仅能像五味一样被舌头所品尝，同时还能使皮肤感受到疼痛。考虑到皮肤是我们的触觉传感器，所以辣应该属于触觉而不是味觉。那么为什么我们能尝出辣味呢？其实很简单，人类的舌头中不仅含有味觉传感器，还存在一定的触觉传感器。味觉对应的是仅存在于口腔内的感觉，因此辣就被踢出了味觉的队伍。这也正是戴维·朱利叶斯（David Julius）和阿德姆·帕塔普蒂安（Ardem Patapoutian）获得2021年诺贝尔生理学或医学奖的研究成果中的一部分。

可以看出，嗅觉和味觉都是通过分子传感来实现的。那么，我们能否设计出具有嗅觉、味觉等功能的分子传感器来仿生人类的感官呢？正如嗅细胞和味细胞一样，分子传感器中用来感知外界分子的材料是能否实现传感功能的关键。这里的感知过程可以是物理过程，也可以是化学反应。只有了解了被感知信息的来源，才能有的放矢地设计出相应的传感器。比如，我们想要感受分子的“气味”，就需要了解气味的产生原理，然后找到能够和气味分子相互作用的材料，最终设计出具有“嗅觉”的分子传感器。

前面已经简单介绍了气味的来源：待测物中的气味分子经过扩散进入了鼻腔，在这里与嗅细胞相遇，发生生物化学反应并产生出电信号，大脑通过对传输过来的电信号进行判别，从而告诉我们待测物的气味。嗅觉传感器开发的核心就是如何实现气味分子的感知。只要我们能够开发出可以与气味分子产生相互作用的材料，那么就能实现感知功能。电子鼻（人工嗅觉系统）就是基于这样的原理设计出来的，现在的电子鼻已经能够实现对单一或复杂气味的识别（图4.3）。

实际上，具有单一气味识别功能的电子鼻已经遍布我们周围。预防火灾的烟雾报警器就是一种能够闻到烟味的电子鼻。目前有多种方案可以实现对烟雾的感知，其中一个技术路线就是利用烟雾对光的散射效应。这是一个物理过程，烟雾报警器中有一对光源和光电传感器。它们被设计为同侧摆放，在正常情况下光源发出的光无法入射到光电传感器，也就没有相应的电信号。当有了

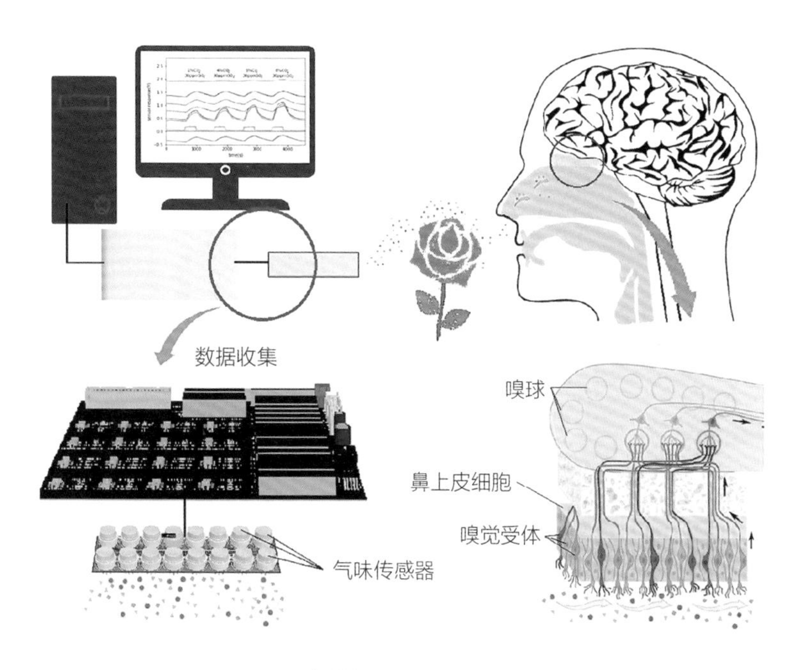

图4.3 分子传感器 气味传感器。

烟雾以后，由于烟雾颗粒的散射效应，一部分光被散射到了光电传感器的位置，引起响应，产生了电信号，起到了监测烟雾并报警的作用。可以看出，这类烟雾报警器是利用物理的散射效应，结合光电传感器来实现嗅觉的功能。

用来检查是否酒驾的呼气式酒精测试仪能够“闻出”司机呼出的气体中是否有酒的味道。想要实现对酒味的感知，我们有多种技术路线可供选择。例如，有一种物理方法是采用具有气敏特性的半导体材料作为传感单元。气敏半导体的特点是当它遇到被测气体分子后，自身的电学性质将发生相应的变化。当待测气体中含有酒精分子时，酒精测试仪中气敏材料的电阻值会出现一定改变，并且变化的幅度和酒精分子的含量有关。因此可以通过电阻值的大小来判断呼出的气体中是否含有酒精，以及其中酒精的含量。还有一种方法是化学方法，通过测量催化剂氧化酒精分子时释放出的化学能来判断酒精分子的浓度。除此之外，还有红外光谱法、湿化学法、气相色谱法等技术方案。不管是物理方法，还是化学方法，其目的都是实现对酒精分子的感知。

其实，我们的身边还有很多这样的"电子鼻"，家用空气净化器中的甲醛探测器、厨房里安装的煤气泄漏警报器等，都是具有单一气味识别功能的分子传感器。

电子鼻不仅在日常生活中默默地保护着我们，在社会活动中也一直在保卫着大家的安全。我们在公共场所有时能看到威猛的警犬在四处巡逻，它们经常还肩负着爆炸物预警的任务，因为经过专门训练的警犬能够闻出"火药的味道"。那么，是否可以仿生出专门用于闻"炸药"的"电子鼻"呢？答案是肯定的。目前，人们已经发展出了多种用于检测爆炸物的方法。万变不离其宗，这些方法都是基于对爆炸物分子的感知。比如，有种发荧光的聚合物，一旦遇到爆炸物TNT分子，荧光瞬间就猝灭了（图4.4）。这样我们就可以通过该聚合物的发光情况来判断是否有人携带了TNT。在实际场景中，空气中爆炸物分子的浓度非常低，往往小于一个PPB

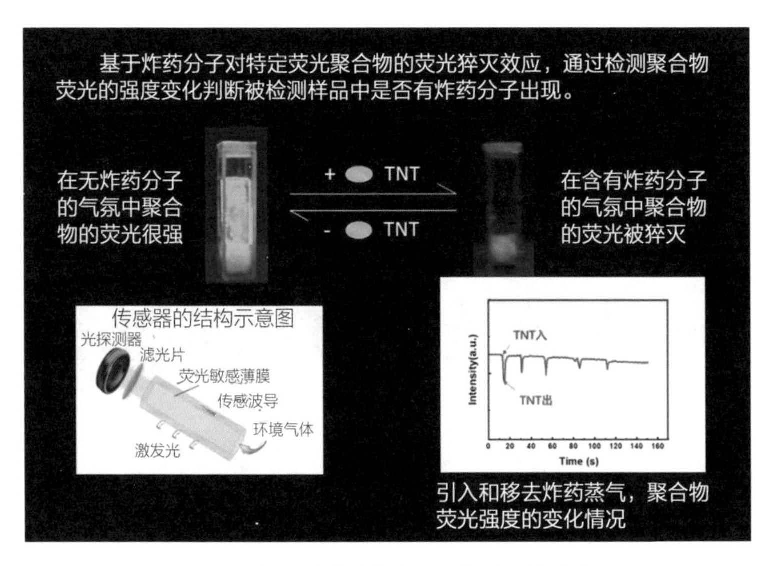

图4.4　利用聚合物的荧光猝灭效应探测爆炸物。

(parts per billion，十亿分率)，即十亿个分子中有一个。想要在十亿个气体分子中找出一个爆炸物分子，那可比万万里挑一还难，相应的传感器就需要具有极高的灵敏度。研究人员借鉴人类和犬类鼻腔内嗅觉传感器的结构，将具有气味分子感知功能的分子传感器设计成阵列，通过阵列中分子传感器的协同工作仿生出了具有嗅觉能力的电子鼻(图4.5)。狗的嗅觉系统远远强于人类，而电子鼻的嗅觉则比狗更加灵敏。有人组织了一场搜寻炸药的比赛，参赛选手分别是警犬和电子鼻，比赛结果是电子鼻获得了胜利。同样，在搜查毒品的任务中，和缉毒犬相比，电子鼻也表现出了更高的正确率和成功率。

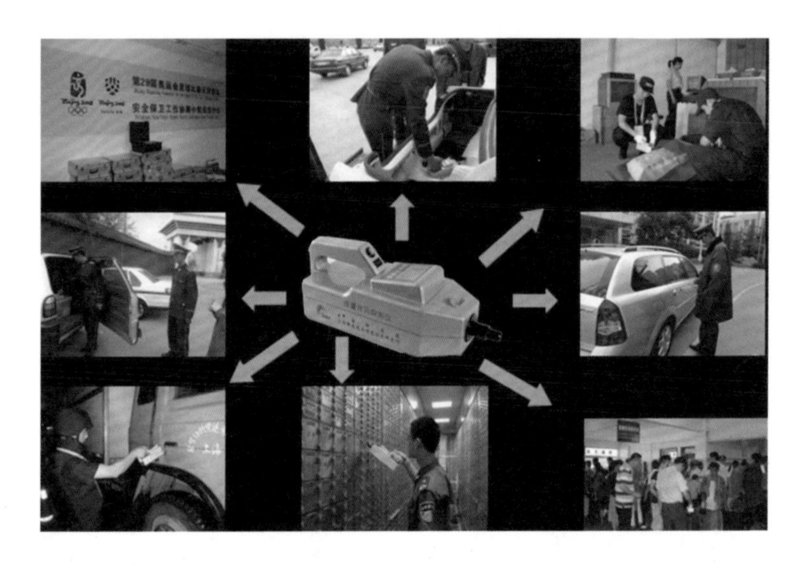

图4.5 中科院上海微系统所程建功课题组研制的荧光聚合物炸药探测仪用于安全检查。

和电子鼻一样,仿生的电子舌也已经开始服务于我们的生活。当我们只需对一种味道进行测量时,可以以待测味道的物理特性作为检测的依据。糖度计就是一种专门用来品尝水果甜不甜的仪器。不同糖度的溶液对光线的折射率并不一样,我们将待测水果的果汁滴入糖度计,通过检测光线的折射情况来计算出含糖量,从而得出该水果是甜还是不甜,以及是否已经成熟的结论。还有一种方法是通过吸收谱来检测糖度。食用糖的甜味源自糖分子结构中的羟基,而羟基会吸收特定波长的光波,羟基越多,吸收越强,味道也越甜。因此,可以通过吸收光谱来反映被测水果对特定波长的吸收情况,从而实现对水果甜度的感知。这种借助光学方法来

“品尝”甜味的技术路线,具有无接触式无损检测的优点。还有一些糖度计是基于不同糖含量溶液的比重不同来实现对甜味的“品尝”。血糖检测仪则是通过电极法对血液中的葡萄糖含量进行测量,从而给出血糖的数据,以供人们对健康状况进行监测。

可以看出,以上方法都属于间接式测量,糖度引起了某个物理特性的变化,我们通过检测这个物理特性来反推出糖的含量。这种间接法难免会受到其他因素的影响。我们来试想一下,如果果汁中还有其他能够改变折射率的成分,或者还存在有其他的官能团在羟基的特定波长处也具有吸收效应,而且果汁的比重不仅仅取决于糖的浓度,那么以上的测量将会存在一定的误差,也就无法对甜度进行精准的判别。此外,在味觉传感器的研发过程中,我们的目标是仿生出真正意义上的电子舌,这就需要该类传感器能够对不同的味道进行辨别。

前面已经介绍了不同的味道是来源于不同的分子或官能团,那么我们只要设计出能够感知味道分子的分子传感器,并将其排布成阵列,就可以制备出具有味觉功能的传感器。IBM研究院在2019年夏天发布了他们研制出的“电子舌”Hypertaste,该舌头能够快速、可靠地对多种液体进行分辨和识别(图4.6)。Hypertaste由一系列的电化学传感器组成,这些传感器可以感知待测液体中的分子,并给出相应的电压信号。因此,每一种被测液体都会得到由一系列电压值集合而成的组合电压信号。这个组合电压信号就是液体的“指纹”。我们可以用电子舌对湖泊或河流的水质进行即时检测,也可以用它来鉴别一些酒的真假等。

图4.6 电子舌Hypertaste。

除了探测分子的传感器外,还有使用分子作为探测元件的分子传感器。荧光分子传感器就是这样一类应用广泛的分子传感器(图4.7)。该类荧光分子主要由两部分组成,即荧光团和探针。探针部分负责和被测物相结合,荧光团负责吸收能量和发射荧光。由于探针和荧光团之间存在电荷转移或能量转移等过程,当被测物与探针相结合后,荧光团的光学性质(荧光强度、荧光的偏振态、荧光量子产率、荧光峰位和荧光寿命等)将会发生变化,从而通过测量荧光就可以实现对被测物的感知。

近年来,各种具有传感本领的有机分子、聚合物、量子点等功能材料陆续问世,有的材料在不同的pH值下表现出不同的荧光强度,可以用来实现对酸碱度的传感;有的则是不同的湿度对应不同的荧光发射,可被用作为湿度传感器的感知材料。分子荧光传感

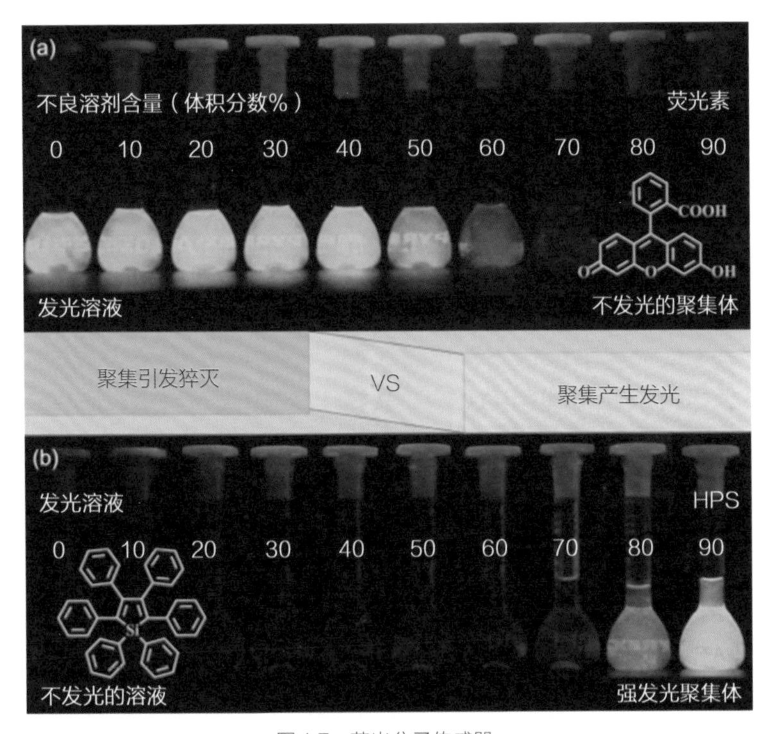

图4.7 荧光分子传感器。

器一个最为主要的用途是病变组织的检测。首先，通过探针来选择性地和病变组织相结合，然后利用荧光团发射荧光来标定出病变组织的大小和位置，再结合光电传感器来实现对病变组织的感知和标定。

在众多荧光探针中，有一类特殊的荧光分子，那就是荧光蛋白。包括著名华裔科学家钱永健在内的三位化学家因发现绿色荧光蛋白而获得了2008年诺贝尔化学奖。该荧光蛋白本身在蓝光的照射下并不发光,但是我们可以通过波长更短的紫光来激活它,激活后的荧光蛋白在蓝光的照射下将发出绿色的荧光。就好比这类荧光分子自身还有一个控制其是否发光的开关,而紫光就是开启这一开关的钥匙。紫光的控制使得绿色荧光蛋白具有了更加丰富的可操控性。后来,其他颜色的荧光蛋白也相继出现。基于荧光蛋白的分子传感器将表现出更加灵活、更加智能的特点。

分子传感器具有灵敏度高、选择性好等优势。分子合成技术给了我们获得各种功能材料的可能。几乎所有想要感知的信息,研究人员都能设计出相应的分子材料对其进行响应。再借助分子组装和微加工等技术,可以制备出相应的分子传感器阵列,用来实现人类感官细胞的仿生,从而代替人们的五感。更进一步,分子传感器还可以获取那些人类无法感知的信号,让我们可以得到更加全面的信息。随着物理学、化学、材料科学和生物科学的发展,分子传感器的种类和功能将会更加完善,在不远的未来,一定可以比人类具有更加灵敏的感受,也一定可以比人类具有更加广泛的感知。

4.2 压力传感器

触觉是人类的五感之一,源自皮肤的神经细胞对外界压力、振动、温度和湿度等信息的感知。如果人类失去了触觉,那么我们对世界的感知就好比看3D电影一样,虽近在眼前,却触不可及。触觉不仅仅是人类具有,动物们也都具有,广为流行的"撸猫"指的就是让猫感受到舒服的触摸。在植物界，有些花草也进化出了触觉。含羞草在感受到外部触碰时会害羞地合上它的叶子；食肉植物捕蝇草外形像一个长着獠牙的血盆大嘴，它的触须能够感触到掠过的昆虫，并闭上嘴巴咬住它（图4.8）。研究人员给捕蝇草接上电极，当它的触须被触碰时，能够观察到回路中有电脉冲流过。上述实验表明，捕蝇草能够感受外部的触碰并将其转换为电信号，从而具有了触觉。我们现在已经证实了大约有一千多种植物具有触觉。这不正是大自然设计出的触觉传感器么！

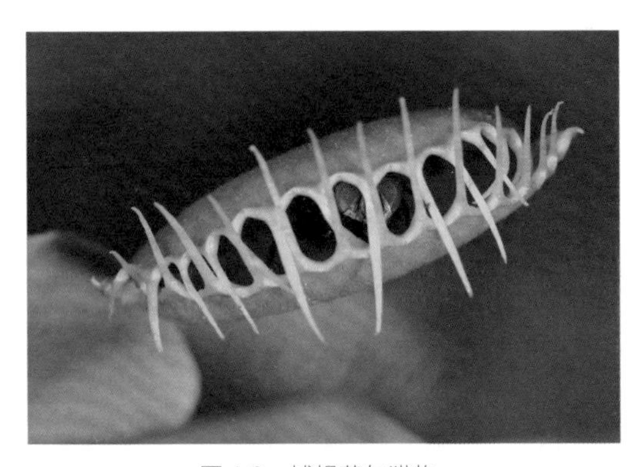

图4.8 捕蝇草与猎物。

那么人类的触觉是如何实现的呢？

皮肤是人体最大的器官，覆盖我们全身，可以用来感知待测物的形状、温度和湿度等，只是不同的部位感受的程度不同。皮肤中包含着大量的神经末梢。在表皮和真皮的分界处，分布有大量的迈斯纳小体，这是一种振动传感器，对40赫兹的振动最为敏感。在表皮和真皮的分界处还包含着一种压力传感器——梅克尔细胞，它通过打开离子通道，让细胞中的离子形成流动从而带来电信号。真皮和皮下组织处还有对250赫兹的振动最为敏感的环层小体。

这一切都离不开对力的感知。力是自然界中最为普遍的一种相互作用，小到漂浮的尘埃，大到行星的公转，都是力作用的结果。对力的感知是传感器发展一个必然的方向。

压力传感器顾名思义就是用来感知外界的压力，并将压力或压强转换为电信号的器件。主流的压力传感器分为电容式和电阻式。压力将引起接触位置的形变，形变的大小与压力成正关联。因此，我们只要能够设计出将形变转换为电信号的系统，就可以实现对压力的传感。如果我们将压力传感器的核心部分做成一个电容器，压力引起的形变将会改变电容器的形状和体积，也就是改变了电容的大小，从而引起器件中的电信号发生变化，最终实现了压力的感知。这就是电容式压力传感器的传感原理。电阻式压力传感器借助的则是压力引起的形变会改变电阻值的大小，从而通过电阻的变化来实现压力的感知。

除了电容式和电阻式之外，还有一种基于压电效应（Piezoelectric Effect）的压力传感器。雅克·居里（Jacques Curie）和皮埃尔·居里（Pierre Curie）兄弟在1880年发现了一种神奇的现象：当石英等晶体受到某一方向上的外力时，在其表面会有电荷出现。其原因是，受到压力的晶体将会发生一定的形变，而形变导致其内部产生极化,从而在相应的表面上出现电荷,且电荷的面密度与外力的大小有关。如果作用力的方向发生了改变,电荷的极性也将随之变化。当外力撤销后,该晶体又会恢复到不带电的状态。这种现象被称为压电效应。该效应将压力转换为电信号,完美契合了压力传感器的需求,因此压电材料常常被用在和力有关的传感器中。例如,帮助手机实现横竖屏切换的重力传感器就是基于压电材料实现的。

压电效应存在逆效应,称为逆压电效应(Converse Piezoelectric Effect),也就是电场能够使压电材料发生形变。该效应也同样具有非常大的应用价值。基于这个逆效应,人们设计开发出了纳米级别的位移平台,精度可以达到纳米甚至亚纳米量级。这在精密加工、高分辨率成像等方面起到了举足轻重的作用。

还有一些通过间接方法来实现压力感知的技术路线,比如借助光的干涉现象。波动光学告诉我们,两束相干的光束在空间会形成明暗相间的条纹,条纹的位置和两束光的光程(光走过的路程)差有关。压力引起的形变改变了两束光的光程差,从而导致条纹的位置发生相应的变化。借助光电传感器对光信号进行探测,最后通过分析条纹的移动情况,就可以实现对压力的感知。

因为是关于力的感知和测量,压力传感器的应用非常广泛。大到航天飞机和火箭,小到手机和鼠标,都能找到相应的压力传感器。在桥梁、高架桥、大楼等建筑物里埋入压力传感器,可以实时对受力情况进行探测,一旦发现有异常数据,就可以马上采取一定的安全措施,起到防患于未然的作用。

压力传感器不仅对建筑物的健康能够起到检测作用,还在我们个人健康的监测中起着重要的作用。我们常用的电子体重秤,就是通过内部的压力传感器来实现称量体重的功能。用来测量血压的电子血压计利用气泵给袖带充气加压,然后借助压力传感器来测定压强,并给出血压的情况。电子乐器中也装备了压力传感器来感知按键弹奏时的力度,从而带来更好的弹奏体验和演奏效果。通过压力传感器的集成,可以达到对触觉功能的仿生,为人造皮肤的实现打好基础。

以上的压力传感器能够实现对恒力和变力的感知,还有一些技术方案只能实现对变化的力进行探测,而对恒定不变的力则无法响应。最常见也是大家最熟悉的例子就是动圈麦克风。声音是以纵波的形式在空气中传播,并形成声压。声波的声压将引起麦克风振膜的振动,从而带动线圈在永磁铁的磁场中运动。电磁感应定律告诉我们,磁场中运动的线圈将会产生感应电流。被声波带动的线圈中产生感应电流,就实现了声音向电信号的转换,达到了对声音传感的目的。可以试想一下,如果我们用手去按压振膜使其发生形变,并保持这个形变,那么用来保持形变的这个压力能够被感知么?虽然振膜发生了形变,但是并没有运动,也就无法产生感应电流,从而没有与受力有关的反馈信号。也就是说,这类压力传感器只能感受到变化的力。

很多物理量和力相关,比如静电力、洛伦兹力、引力等。因此我们可以借助力学信息的测量来间接感知待测的信息。比如手机中用来感知转动信息的MEMS(Micro-Electro-Mechanical Systems,微机电系统)陀螺仪,就是借助旋转过程中的科里奥利力来实现对转动的测量。

与前面章节里介绍的传感器一样,灵敏度、稳定性是判断压力传感器好坏的关键指标。除此之外,压力传感器还有一个核心指标,那就是频率响应特性。压力传感器必须在其适用的频率范围内才能保证测量不失真。

传统的压力传感器以机械结构型的器件为主,以弹性元件的形变指示压力,但这种结构尺寸大、质量重,不能提供电学输出。随着半导体技术的发展,半导体压力传感器应运而生。其特点是体积小、质量轻、准确度高、温度特性好。特别是随着MEMS技术的发展,半导体压力传感器向着微型化发展,而且其功耗小、可靠性高。

力学信息是自然界中最为基本的信息之一,压力传感器也就成了使用最为广泛的一种传感器,在传感器大家族里占据极为重要的地位。

4.3 磁传感器

磁性是物质的基本属性之一。小到分子,大到地球,都表现出一定的磁性。我们生活在一个充满着磁场的环境中。神秘而美丽的极光,是太阳发射出的带电粒子流在地磁场的约束下被引流到磁场最强的南极或北极,并与大气分子碰撞产生的发光现象。可以说极光反映的是地磁最强的位置,或者说极光是一种天然的传感信号,是带电粒子对磁场强度的感知,并以绚丽的光彩展现出来。

自然界中,有一些动物和植物,它们具有一定的磁感知能力。比如迁徙的鸟类可以通过感知地磁场对它们的往返旅行进行导航。可惜的是,人类无法对周围的磁场进行感知。可以看出,动物身上的磁场感知能力起到的是指南针的作用,主要用于地磁导航。所以,对于需要进行长途旅行的动物来说,这样的导航能力是一种基本技能,也是生存之本。而对于不需要进行定期迁徙的人类来说,定居的生活方式使得人们的活动范围相比之下就小了很多,往往只在不到百里的范围之内,这个范围内的地磁几乎没有变化。同时人类可以借助工具和环境进行导航,例如通过现在的各种智能设备进行导航,即使是在没有任何科技支持的原始社会,人们往往可以通过记住一颗最高的树木,或者一个形状特异的石头等标志性事物的位置来认路。所以对人类而言,感知磁场并不是必要的生存技能。也许在最开始的时候,人类是具有磁感应能力的,但是随着时间推移,这个功能慢慢地退化了。有人在2019年做过人类磁感应能力的实验,通过脑电传感器来感知志愿者的大脑活动,然后暗中改变周围环境的磁场分布。实验结果表明,志愿者的身体反应证明他们并没有察觉出磁场的变化,但大脑活动却显示出了相应的变化。也就是说,我们体内存在着磁场传感器,并且将感知到的信号告诉了大脑,只不过大脑这个中央处理器并没有理会这个信号罢了。人类是舍弃了磁场感知的能力,还是该能力是我们的一个隐藏属性,相信随着科技的发展,答案很快就会揭晓。不管答案如何,人类目前并没有感知磁场的技能。因此,为了对磁信息进行了解,磁传感器就扛起了磁场感知的大梁。

幸运的是,电磁之间木身就有着密切的关联,我们可以直接通过电和磁的相互作用来实现对磁场的感知,并以电信号输出。英国物理学家迈克尔·法拉第(Michael Faraday)的电磁感应定律告诉我们,当一个线圈所处的磁场环境发生变化时,将会伴随有感应电流的产生。因此我们可以通过感应电流来对变化的磁场进行感知。但是该方案有一定的局限性,它并不能用来探测恒定的磁场。荷兰物理学家亨德里克·洛伦兹(Hendrik Lorentz)证实了运动的电荷在磁场中会受到洛伦兹力的作用。我们知道,如果存在着相互作用,那就有被感知的可能,因此能否借助运动电荷受力的特点来探测磁场呢?

美国物理学家埃德温·霍尔(Edwin Hall)发现的霍尔效应(图4.9)就是静电力和洛伦兹力对电流产生作用的一种现象,可以用来实现对磁场的测量。我们将导电材料垂直放置于待测磁场中,并在与磁场垂直的方向上通入电流。电流的本质是电荷的运动,所以在与磁场垂直的方向上存在运动的电荷。根据洛伦兹的理论,在磁场中运动的电荷将受到与运动方向垂直的洛伦兹力,而力又是改变运动的原因,那么电荷就会离开原有的直线路径,发生偏转。在洛伦兹力的作用下,电荷将运动至导电材料的某一侧端并发生聚集,聚集的效果是在与磁场和电流都垂直的方向上产生一个内建电场。随着电荷的不断积累,该内建电场将逐渐增强,相应的电势差随之增加。该电场对电荷施加的静电力也从弱变强,从开始时小于洛伦兹力,到接近洛伦兹力,最终与洛伦兹力达到平衡。这时电荷受到的合外力为零,从而运动轨迹将不再发生偏转,而是呈直线。这种情况下,将不会再有新的电荷加入聚集,内建电场和电势差将达到稳定。因此,只要我们对稳定后两个侧面间的电势差进行测量,就可以通过力学平衡条件来反推出洛伦兹力的大小,进一步换算出磁场的强度。这就是通过霍尔效应实现磁场感知的基本原理。

基于洛伦兹力和霍尔效应,还能衍生出磁阻效应。该效应表现为导电材料的电阻值随着外部磁场的变化而变化,也就是电阻受外部磁场调控。磁阻效应使得我们可以通过测量电阻来感知磁场的强度。基于霍尔效应或磁阻效应的磁场传感器,能够实现稳恒磁场和变化磁场的测量。上市未久的时尚手机华为P50 Pocket重新走起了翻盖手机的设计路线。这里的翻盖亮屏，以及翻盖保护壳的智能唤醒，都是基于霍尔传感器实现的无需按压按钮的开启功能。

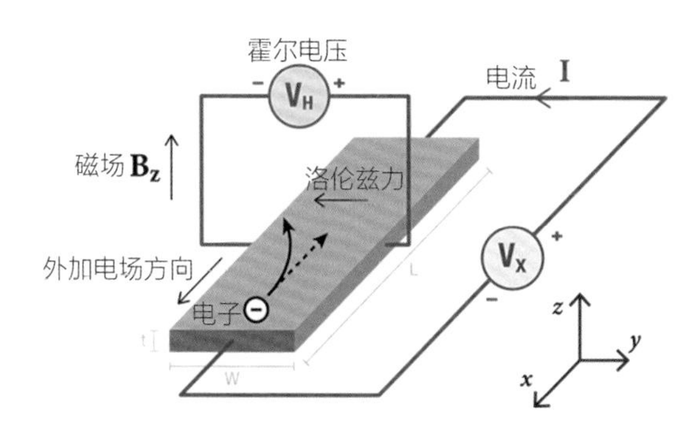

图4.9　霍尔效应示意图。

指南针是一种古老的磁传感器，它通过小磁针对地磁场的感知来指明方向。现在我们早已发展出了电子罗盘，运用更加灵敏的磁传感器来代替小磁针，并借助对地磁场的测量来确定方位。电子罗盘、GPS和陀螺仪是我们用来导航的三大法宝。电子罗盘和GPS的功能相似，但各有优势和缺点。电子罗盘是通过地磁场来实现定位，在有外磁场干扰的情况下，精度就会大打折扣。而GPS是通过接收卫星信号来进行定位的。因为需要在无遮挡的情况下才能感知到卫星的信号，所以在大楼里、隧道里GPS都无法正常工作。如果将电子罗盘和GPS相结合，舍短取长，就可以有效地提高定位的精度。

电子罗盘和GPS都属于被动导航，它们都需要通过感知外部信号来获取当前的位置信息。如果电子罗盘受到磁场的干扰，如果GPS接收的卫星信号被挡住，那么导航的功能将完全失灵。这时，就需要第三件法宝——陀螺仪（图4.10）出场了。

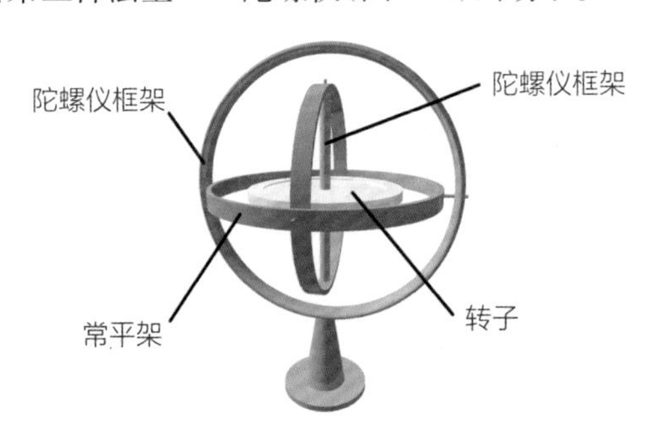

图4.10 陀螺仪。

陀螺是大家儿时经常玩到的玩具。当它旋转时，就会竖立不倒，这是角动量守恒的必然结果。我们骑的自行车，我们手中扔出去的飞盘，也都是基于这样的原理而保持稳定的。既然陀螺仪的转轴固定，那么就相当于给出了一个特定的方向，当系统发生转动时，它和转轴所指方向的夹角将会发生变化，从而可以实现对转动的测量。随着科技的发展，我们已经可以实现分子级别的探测和操控。将自旋的原子或分子看作一个转动的陀螺，通过对其进行调控和检测来感知系统的转动，这样就得到了原子陀螺仪，它具有非常高的灵敏度和精度。

可以看出，陀螺仪是一种用来分析转动的传感器。也正是基于这个特点，陀螺仪实现的是主动导航。这就好比一个在黑暗中寻宝的冒险者，伸手不见五指，根本无法看清脚下的道路。对于经验丰富的冒险家来说，这都不是问题，他将开启主动导航模式。他早已将藏宝图中的路线熟记于心，“向前走三十步，向右走二十步，向左方十点钟方向走五十步，原地转过半圈，最后再往前走十步”。如果他对角度的感知和判断准确无误，那么就要恭喜他了，他可以找到正确的位置并获得宝藏。这里关于转动测量的准确度对应的正是角度传感器的精度。精度越高，使用主动导航可以行进的距离也就越远。

电子罗盘、GPS和陀螺仪的结合将大大提高导航的能力。精度高、偏差小的导航在军事、航空和航天上有着重大的意义。潜艇在水下的活动全部是通过陀螺仪的主动导航来确定方向。潜艇每次浮出水面都有一项重要的任务，那就是通过电子罗盘和GPS的被动定位来校准水下主动导航引起的位置偏差。为了不被敌军追踪到我们的潜艇，就需要它在主动导航无误的前提下，在水下活动的时间越长越好，陀螺仪的精度就是实现这一目标的关键参数。实际上，借助磁传感器来实现精准导航一直是我们的战略需求。

电脑硬盘是用来记录数据的硬件。它的基本原理是利用磁性来实现数据的记录。读取硬盘数据的磁头就是一个磁场传感器。如果你去旧货市场逛逛，也许还能淘到曾经非常流行的磁带机，它也是利用磁头这个磁传感器来感知记录在磁带里的声音。

除了直接利用电磁感应实现磁场感知之外，还可以通过磁和光的相互作用，再结合光电效应来实现对磁场信息的探测。这种相互作用可以是磁场对光偏振态的调控，也可以是磁场对光强的调制。其中最为典型的就是磁光克尔效应，一束光经过磁光介质后被光电传感器探测。当有磁场存在时，磁光介质将会改变通过它内部的光的偏振状态，并且这一改变和外部磁场相关。因此，通过对偏振态的检测，就可以实现对外部磁场的测量。

磁传感器的出现为我们测量磁场信息提供了工具，磁传感器也正在逐步变得更加灵敏、更加精准。我们已经获得了通过核磁技术给人体进行成像的本领，具备了能够探测微观磁性分子磁场特性的能力。在我们探索世界的征途中，磁传感器的发展将会起到决定性的作用。

4.4 湿度传感器

李时珍《本草纲目》水部里有关于梅雨水的描述："梅雨或作霉雨，言其沾衣及物，皆生黑霉也。芒种后逢壬为入梅，小暑后逢壬为出梅。又以三月为迎梅雨，五月为送梅雨。此皆湿热之气，郁遏熏蒸，酿为霏雨。人受其气则生病，物受其气则生霉，故此水不可造酒醋。"可以看出，梅雨季节的特点是潮湿的空气容易使人生病，让物发霉，因此也被称为"霉雨"。既然湿度过高并不是一件好事，那么是不是可以说干燥就好呢？我们在看古装剧时经常会听到打更的人边敲锣边喊着“天干物燥，小心火烛”。意思是干燥的天气使物品容易被点燃，大家要小心火烛呀。看来空气太干燥也不好。

宋徽宗的“雨过天青云破处，这般颜色做将来”，描述的是汝窑里非常稀有的颜色——天青色。天青色对烧制过程中的湿度和温度要求很高，一定要在特定的湿度和温度下出炉，才能烧制出这种令人惊艳的天青色。也正是因为烧制的条件非常苛刻，因此天青色的汝窑瓷器极为稀有。由于古人当时没有合适的技术手段去测量和控制湿度与温度，因此就只能等到烟雨天，来自然地达到需要的湿度和温度。但是工匠并不知道什么时候烟雨天会来，只能守在瓷窑边，耐心地等待。这也正是周杰伦的歌《青花瓷》里“天青色等烟雨……”这句歌词的意境。当今科技使我们能够轻松控制湿度和温度，也许天青色就不用再等待了。而控制湿度要从感知湿度开始。接下来我们一起来看看湿度是如何定义和测量的。

湿度的定量方式有绝对湿度、相对湿度和露点等。绝对湿度就是单位体积的空气中水蒸气的质量。相对湿度则是水蒸气密度和同温度下饱和水蒸气的百分比。露点是空气中的水蒸气在一定压强下开始结露时的温度。湿度越大，越容易结露，露点也就越高，那么就可以通过露点来反映空气的湿度。

湿度的测量分为两大派系。一派是基于水分子吸附效应的水分子亲和力型湿度传感器。当水分子不管是通过物理过程还是化学过程吸附于湿敏材料之后,湿敏材料的电学性质(电阻、电容等)将发生相应的变化,基于这一特点可以开发出电阻式、电容式的湿度传感器。因为吸附过程需要一定的时间,这类湿度传感器的响应速度一般都比较慢。另一派是与水分子吸附无关的非水分子亲和力型湿度传感器。湿度的变化能够引起传感材料光、声、热等物理性质发生相应的改变,因此我们可以通过光学、声学或者热学的方法来实现湿度的测定。因为不需要水的吸附,非水分子亲和力型湿度传感器的响应速度普遍较快。

水分子亲和力型湿度传感器常用到的湿敏材料包括以下几类:一类是具有强吸水性的电解质材料。电解质吸水后电离成为自由移动的离子,从而使得电阻发生相应的改变。这类湿度传感器的特点是结构简单,价格便宜,但是耐热性差,使用寿命短。第二类是金属氧化物陶瓷类材料。该类材料具有大量的微孔结构,因此对湿度非常敏感,并且该类材料的导电特性会随着湿度发生变化,从而可以实现湿度的感知。金属氧化物陶瓷湿度传感器的价格便宜,抗污染能力强,工艺简单,响应时间短,但是受温度的影响较大。还有一类是高分子聚合物。一些有机高分子材料具有吸湿溶胀和脱湿收缩的特点,相应的电导率也会发生改变,从而可以制备出电阻式湿度传感器。还有一些聚合物的介电常数和湿度有关,用这样的高分子材料作为电容器的电介质,当其吸附水分子后,湿度变化导致介电常数发生变化,从而引起电容发生改变,最终实现了湿度的感知功能。聚合物作为湿敏材料,具有响应速度快、工艺简单、测量范围宽的优点,但是抗污染能力相对较弱。除了上述的三大类材料体系之外,还有一些诸如具有钙钛矿结构的新兴材料,它们的电导率也和湿度有关,在湿度传感方面具有很大的潜力。

非水分子亲和力型湿度传感器按传感机理可分为光学型、热学型和声学型等。光学湿度传感器主要通过湿度引起湿敏材料的光学性质发生变化来实现湿度的测量。不同的湿度下,有的湿敏材料表现为反射率或吸收率有所不同,有的则是发光的频率或强度有所不同,还有的是光学折射率会发生变化。折射率的变化将导致光程发生相应的改变,于是可通过不同光程下干涉条纹的特点来分析折射率的情况。因此我们可以借助光的吸收、反射、发射或折射来"看"到环境的湿度。我们用具有亲水能力的材料做成振动单元,不同湿度下振动单元吸附的水分子数量不同,而附着的水分子将会改变振动单元的固有频率,从而我们可以"听"出环境的湿度。还可以利用湿敏材料在不同湿度下具有不同的热传导能力来实现湿度的感知。

很多情况下,湿度和温度一样重要。现在家用温度计里几乎都配备了湿度计,可以在告诉我们温度的同时,也能提供湿度的数值,以便于我们更加准确地分析天气情况。我们在判别天气的冷热情况时,除了参考气温以外,还需要考虑到湿度。同样是30摄氏度的气温,湿度是50%和90%将带给人们完全不同的感受。北方干燥的空气会使得皮肤不适,加湿器成了居家必备之物;相反,南方潮湿的空气让人觉得很闷,同时也会滋生霉菌,除湿机就成了大家的选择。不管是加湿器,还是除湿机,它们对湿度的控制都是参考内部湿度传感器所感知的信息。

湿度传感器不仅应用于我们的日常生活中,在农业生产、仓储存放、生产加工等领域也越来越受到重视。在农业生产中,特别是在温室大棚里,湿度的控制显得尤其重要。不合适的湿度会引起作物减产、细菌滋生等不利情形。养殖场的湿度对里面动物的健康也至关重要,过高的湿度将带来动物之间疾病的滋生与传播。后续的食品加工环节,对湿度的控制也不能松懈,以防止发生食物变质。潮湿的环境将会滋生细菌,这也是为什么几乎所有的食品包装袋上都写的是“干燥通风保存”。在一些存放食物的仓库里,如果湿度过高将会出现发霉变质的情况。还有很多工业生产都需要对湿度严格控制。这都离不开湿度传感器对湿度的测定。在具有大量粉尘的车间,湿度低时(干燥)会容易产生静电,严重时能够引起爆炸。

湿度的感知是触感中的重要部分,触感是人造电子皮肤需要实现的一项关键功能。因此,湿度传感器的发展也将必然助力人造皮肤的实现。

第5章 超能传感器

5.1 柔性传感器

科技的发展孕育出了各种功能的传感器，我们在上面的章节中介绍了几种常见的传感器类型。传感器在不断学习新本领的同时，其自身的“形象”也在不断提升，变得体积越来越小，精度越来越高，能耗越来越少。具有“超能力”的传感器也相继问世，出现了拥有“可塑性”超能力的柔性传感器，具备“智慧”超能力的智能传感器，能够感知量子世界的量子传感器，等等。就像电影中的超级英雄一样，这些超能传感器在传感器的世界里，能够及他人所不及，能他人所不能……

如果你去问盔甲和运动服哪一个穿起来更加舒适灵活，我想所有人都会选择后者。近十几年，传感器开始注重塑形，从“僵硬”变得“柔软”起来，柔性传感器应运而生。柔性传感器的可弯曲性能够很好地贴合我们的皮肤，大大提升了传感器的空间自由度。同时，柔性传感器可折叠的特点使其非常便于携带，便携性有了明显改善。因此,在需要高灵活性的场景中,柔性传感器无疑成为了最佳选择。最为典型的应用就是可穿戴设备(图5.1)。

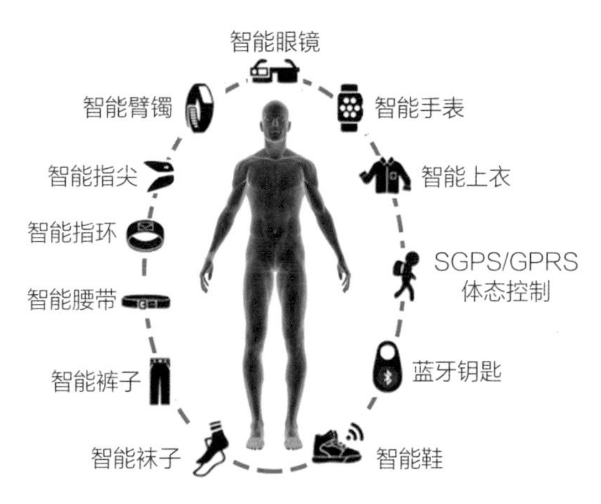

图5.1　各式各样的可穿戴设备。

传统传感器中用到的核心感知材料是制备在刚性的“硬”衬底上,而柔性传感器(图5.2)是将感知材料或微型传感器件沉积或转移在柔性、可延展的衬底之上,并且在弯曲和延展的同时继续保持良好的传感性能。可以看出,这里的主要区别在于衬底是否具有柔性,也就是说柔性衬底是柔性传感器得以实现的基础,柔性衬底技术是发展柔性传感器的关键技术之一。

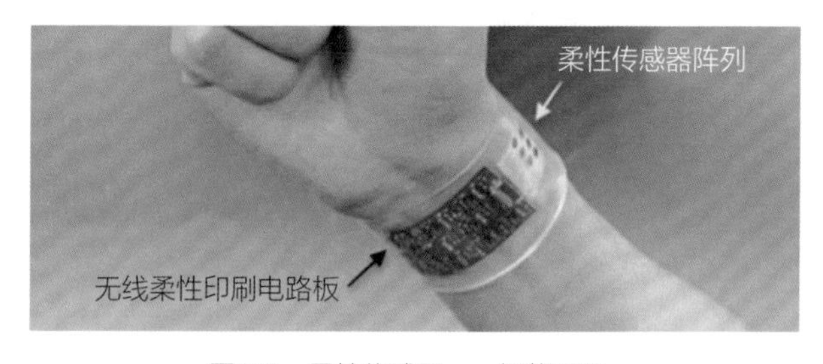

图5.2　柔性传感器——智能手环。

目前，可用于制备柔性衬底的材料主要分为以下几类，分别是塑料、金属、玻璃和纸质材料，这里的每一类材料都各有所长。塑料这种聚合物制成的柔性衬底具有透明、耐用、廉价等优点。金属箔片虽然透光度一般，但是具有很强的耐热性，因此多用于在高温环境中工作的柔性传感器。一般情况下，刚性的硬质材料在足够薄时都会表现出柔软的特性。比如常见的金、银、铜、铁等硬质材料，当它们做成金属箔时，都表现出了"温柔"的一面。当玻璃的厚度小于几十微米时，它就可以实现弯曲。基于玻璃的柔性传感器具有透光性强、光滑性好、热稳定性高以及绝缘性优异的特点。可惜的是，这种超薄玻璃衬底在多次弯曲后容易出现裂纹。纸质衬底的特点和塑料衬底非常相似，具有弯曲性高、可循环使用等特点。相比之下，纸质衬底在遇热时的膨胀率更低。

科技工作者通过在柔性衬底上制备出相应的感知材料，已经开发出了柔性压力传感器、柔性温度湿度传感器、柔性磁传感器、柔性气体传感器等。其基本传感原理与前面介绍的常规传感器相似，只是对材料的要求更高，相关的加工工艺更加严格。

我们将柔性传感器直接贴合在皮肤上，可以实时监测我们的生命体征，包括但不限于测量心率、血压等指标，甚至还能监测人体的呼吸和体液。集成了柔性传感器的运动服和运动器材能够实时掌握我们在锻炼时关节等部位的受力情况，这样的智能运动服就变成了我们的"私人教练"，可以通过对柔性传感器感受到的信息进行分析，来对我们的动作和姿势进行指导。

人体最大的器官——皮肤起到的不仅仅是保护作用，更重要的是具有触觉的功能。前面已经介绍过触觉，它并不是对单一信息的感知，而是包括了对压力、温度、湿度等多种信息的感受。我们可以将用来感知这些不同信息的传感器集成在柔性衬底上，从而制备出柔性触觉传感器，这样的传感器还有另外一个名字，那就是人造电子皮肤(图5.3)。

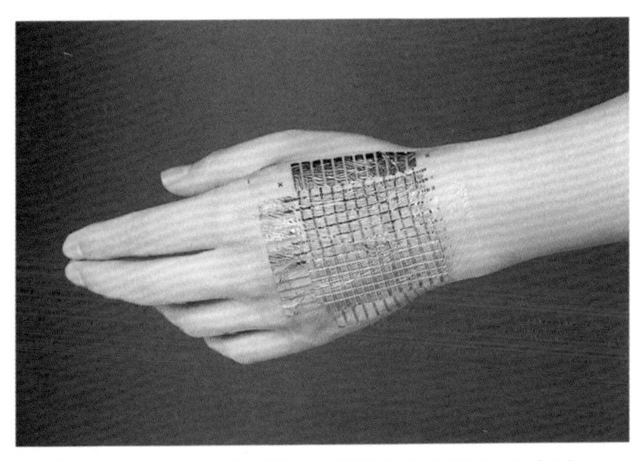

图5.3　可以感受到压力和温度变化的电子皮肤。

电子皮肤的设计初衷是用在医学领域，它可以代替人们受损的皮肤，或者是给假肢赋予触觉。时至当下，电子皮肤的应用已经跳出了医学领域，在机器人和可穿戴设备中大展身手。

我们将电子皮肤与智能终端相结合，只需要把电子皮肤感知并传输出来的电信号加以比对分析，就可实现“智能把脉”。当我们在说话发音的时候，咽喉部位肌肉的运动将引起微弱的压力变化。基于这一特点，科学家专门为失语人群设计了一种用来监测咽喉肌肉压力的电子皮肤，同时还能够将压力的变化转化成为语音进行播放。这种定制的电子皮肤成为了失语人群的“传声筒”。对于那些遭遇不幸需要配戴假肢的人，触觉传感器能够让假肢不再只是冰冷的金属，而是人们能够感受到的身体的一部分。具有触觉功能的假肢能够感受其所处的物理环境，并且反馈给大脑。大脑通过对环境信息的分析，再发号施令来控制假肢做出相应的动作。拿起一个鸡蛋、摘下一颗葡萄对我们来说是再简单不过的一件事情，但是对于传统的机械手来说却实属不易，其困难程度不亚于让婴幼儿用筷子夹起一块豆腐。其原因就是在没有反馈信息的情形下，无法对机械手的抓力进行实时调节。这也是为什么传统的机械手无法做出精细动作的原因。具有触觉感知能力的机械手能够感受到物体的特性，并告诉大脑。有了触觉的反馈，大脑可以实时调节机械手的动作，来实现精细的操作。具有触觉的机械手（图5.4）能够轻易地拿捏柔软的物品，从而更好地实现仿生。具

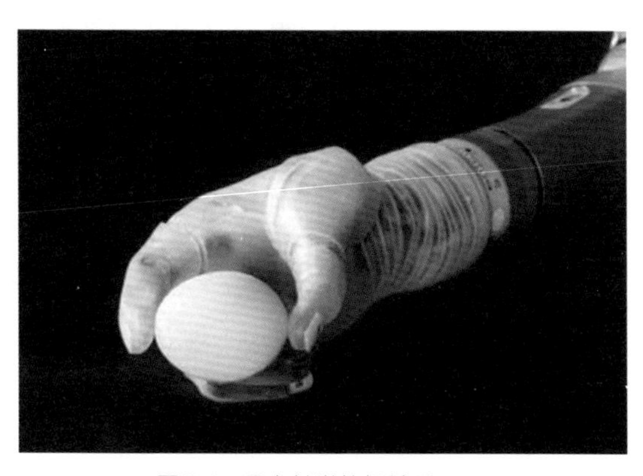

图5.4　具有触觉的机械手。

有触觉的机械手也更加人性化,可以在握手时感受到对方的温度和真诚。

机器人是科技进步的必然产物,随着各项新技术的问世,机器人从只能实现简单的功能发展到当下的仿真机器人。为了消除机器人带给人们的冰冷感觉,仿真机器人成为了研发人员的目标。仿真机器人除了不是真的人类,它们看起来几乎和人类一样,不仅拥有和人类相似的外观,更能够像人一样活动和反应,既有“颜值”,又有“能力”。基于柔性传感器的人造电子皮肤就成为了它们是否能够“以假乱真”的关键。更进一步,不同功能的柔性传感器将成为仿真机器人的眼睛、鼻子、耳朵、嘴和皮肤,它们将赋予仿真机器人和人类一样的五感,使其得以真实地感受这个世界。

相比于常规传感器,柔性传感器和我们的身体可以更好地相互适应。将柔性传感器植入我们的体内可以更好地监测身体的健康情况。我们甚至可以将柔性传感器安放在心脏、大脑的旁边来给予它们特殊关照。不久的将来,我们也有望用来柔性传感器替换随着年龄老化的感觉器官。

柔性传感器更接近人体的组织,在医学、仿生学等领域存在着巨大的应用潜力,是可穿戴设备、运动辅助、健康管理、人造电子皮肤等领域未来发展的必然趋势。虽然现在已经有几十种可穿戴设备实现了商品化,例如智能手表、智能眼镜,以及其他的一些臂带、头戴和鞋戴设备，但是大多数电子设备中的传感器还是基于传统的传感模式，并未真正用到柔性传感器。随着技术难度和成本的降低，柔性传感器将大有可为。

5.2 智能感知芯片

随着科技的进步和智能时代的到来，设计出具有一定思考能力的智能传感器成为了传感器领域发展的一个重要方向。通过将传感器和处理器集成在一个智能感知芯片上，不仅能够实现信息的检测，还能够完成对信息的预处理。

有的读者可能会说，如果给每个传感器配上一个处理器，那岂不是提高了设计、制作的难度，还增加了器件的成本。的确，从个体上看事实的确如此。但是，传感器只有放在系统中才能发挥作用。从系统的角度来看，智能感知芯片带来的收益远远大于个体的损失。并且，这里的处理器只是对信息做预处理，并不需要非常复杂的设计制作，所以个体的损失并不是很严重。下面我们来看看具有预处理功能的智能传感器都能带来哪些红利。

为了获取更多、更全面的信息，系统往往会引入越来越多的传感器。于是，中央处理器接收到的信息也就越来越多，处理起来的负担就越来越重。如果中央处理器将权力下放，把一些简单的分析处理交给传感器来完成，自身只需要把握大方向和处理关键信息，那么中央处理器将不再那么辛苦。这种功能边缘化的方案将大幅减轻中央处理器的负担，提高系统的整体效率。

同时，智能传感器还具有自我判断和自我调整的功能。例如，由于半导体的光学和电学性能与温度有关，因此很多半导体传感器的性能都会随着温度发生变化，从而导致不同温度下对同一个信息将感知出不同的结果。智能传感器的处理器能够对传感器感知到的信息进行补偿修正来消除系统误差，将修正后的信息报告给中央处理器，从而大大提升信息的准确性。

传感器和处理器的高度集成，也有效地降低了数据在传输过程中丢失的概率，防止数据损坏或被其他信号干扰，从而有效地提高了系统的稳定性和可靠性。

利用没有配备处理器的传感器来感知光、声、热或力等信息，它将产生一个模拟电信号并直接传输给中央处理器。这个原始的模拟电信号在使用之前需要转换成可以被读取的格式。智能感知芯片产生的输出信号则可以直接使用。同时，智能感知芯片的本机处理能力赋予了其自身逻辑判断、自检和自校准的功能。这类传感器还具有双向通信和存储记忆的本领。如果给智能感知芯片集成上通信功能，它就能够通过接入网络来实现与外部的联系，从而实现远程的传输和控制。以上这些特点使得智能感知芯片的输出信息更加准确和可靠,使用起来更加灵活和稳定。可以看出,智能感知芯片必然会成为传感器发展的重要方向。

在智能传感器的发展中,涉及的新技术有多传感器信息融合和模糊传感器。多传感器信息融合(Muti-Sensor Information Fusion, MSIF)在人类身上有着很好的体现。大家来想想:我们是如何分析处理遇到的问题的呢?首先,我们将五感获得的信息与脑海里存储的先验信息相结合,然后通过对这些信息进行综合分析,最后给出相应的处理方案,这正是MSIF的含义。在军事上,通过MSIF技术可以实现自动武器系统;在民用中,可以用MSIF技术来设计出更加接近人类的智能机器人。

下面简单介绍一下模糊传感器(Fuzzy Sensor)。我们对事物的描述通常并不是采用定量的办法,而是运用一种模糊的概念。比如有人问你:今天食堂的饭菜好吃么?你一般会用“很好吃”“还行吧”这样的词语给予模糊的回答,而一定不会回答说“今天饭菜的好吃程度是89分”。这是源于人们对自然的理解本身就具有一定的模糊性,这种模糊理解方法会让逻辑推理变得更加简便。如果我们在常规传感测量的基础上,通过模糊推理,将测量结果转换成为语言符号,然后传送给决策和控制模块,这就实现了模糊传感。模糊传感在家用电器中有着广泛的应用。例如,洗衣机的水量设定一般分为“高水位”“中水位”和“低水位”,而不是115升这样具体的数值。

还有正在发展中的人工神经网络技术(Artificial Neural Network,ANN)。这是一种模仿神经网络的特征来进行信息处理的技术,处理过程比传统的人工智能更加接近人类的思维模式。这种技术具有很强的适应能力和学习能力,以及高度并行的运算能力。传感器将感知到的信息送入人工神经网络进行分析处理,神经网络"类人"的思考方式使得传感器就像拥有了人类的大脑一样变得更加聪明、智慧。

智能感知芯片在物联网(Internet of Things,IoT)中有着广泛的应用前景,也是其中的关键器件之一。当今社会,我们几乎可以给任何物品都配备智能传感器,并能够通过网络进行数据传输,实现物联。共享单车就是一个非常好的例子。每一辆单车都配有一个智能传感器来进行控制,同时也通过智能传感器和后台保持联系。智能传感器首先通过传感功能对单车的信息进行感知,比如判断单车是否上锁,以及确定单车位置等。然后,智能处理功能给出单车当前的状态,并将此信息发送到后台服务器,而不是将传感器获得的电信号直接发送给服务器。这样后台就不经思索地掌握了这辆单车是开锁还是上锁,车辆现在在什么位置等信息。物联网是将物品互联起来,共享则是用户共享这些物品。可以说,物联网是共享的基础,而共享是物联网的体现。没有了智能传感器的共享只能是局部的、小范围的,更像是分享而不是共享。配备智能传感器的物联网可以实现大范围、全局的物品联系,才能在真正意义上实现共享。

目前实现智能传感器主要有三种技术路线:非集成化路线、集成化方案和混合实现。非集成化智能传感器是将普通传感器、信号处理电路以及微处理器打包组合成为一个整体,使得传感器在微处理器的指挥下变得智能。集成化方案则是利用微加工技术和集成电路工艺,把敏感元件、信号处理电路和微处理器集成在同一块芯片上,从而实现具有智慧的传感器。混合式是指将非集成化和集成化这两种方案进行组合,来制备出智能传感器。

将多个传感器集成在一起也是智能传感器发展的主流方向。最早,研发人员就像搭积木一样,将不同功能的传感器集成在一个芯片上,从而达到多功能传感的目的。这样的多功能传感芯片(图5.5)是将多个传感器进行简单的叠加。后来研究发现,有些材料不仅可以响应温度的变化,还与磁场、压力等都具有一定的关联。也就是说,这种材料既可以作为温度传感器,也可以作为磁传感器或

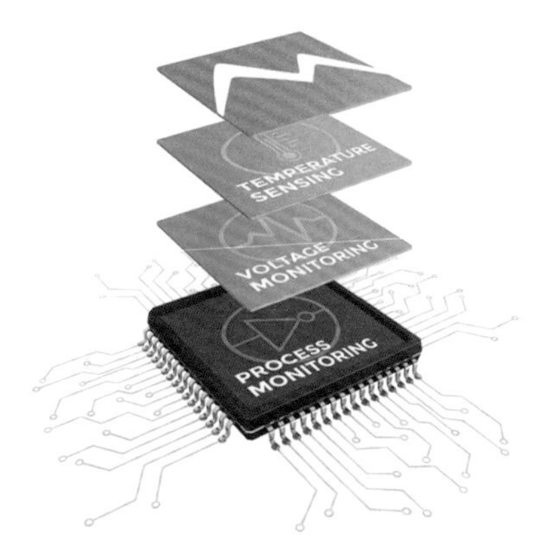

图5.5　多功能智能传感器示意图。

者压力传感器。于是,我们就可以将其开发成同时具有多种传感能力的多功能传感器。金刚石(钻石)中有一种特殊微结构(NV色心),它的发光特性与环境的磁场、温度以及压力都有关系。这些关系所遵循的机理并不完全相同,因此磁场、温度和压力对发光的影响将表现出不同的规律,从而这些影响是可以区分的。因此,通过一定的设计,就可以利用NV色心这一种感知材料来实现多个物理量的传感。如果说常规的传感器好比是专攻一项技能的人,集成的智能传感器则好比是多个不同技能人员所组成的一个团队,而为了从真正意义上实现多功能传感,我们更需要的是像NV色心这样的"复合型人才"。

随着微米/纳米级加工技术的进步,随着大型集成电路设计本领的提高,随着新材料、新效应的出现,传感器已经开始变得越来越智能。智能传感器是智能时代的必要核心器件,智能传感器的发展加快了我们进入智能时代的步伐。

5.3 量子传感器

相对论和量子理论是现代物理学的两大基石。量子理论的研究对象是微观世界和其中的基本规律。量子计算机和量子通信都是基于量子效应发展起来的新技术。量子效应非常容易受到外界环境的干扰,因此量子计算机和量子通信技术面临的一个重要问题就是如何排除外部的影响。

万事都有两面性，容易受到外界干扰也就意味着对外部环境非常敏感，敏感材料的量子态将随着外部环境改变而发生变化，因此我们可以利用这个“敏感”的特性来制备出灵敏度极高的传感器。我们将这种利用敏感材料的量子效应来感知环境中的信息，并实现传感功能的器件称为量子传感器。和传统的传感器相比，量子传感器具有更高的灵敏度，往往可以提高几个数量级，从而可以被用来探测极其微弱的信号，这也形成了量子测量这一研究新领域。

早在人类提出量子概念之前，自然界中有些动物就已经开始使用量子传感器了，只是它们自己并不知道什么是量子力学、量子效应以及量子传感。例如，候鸟在随季节周期性迁徙的过程中总能选择正确的方向，这主要归功于它们视网膜上的隐花色素——一种能够感应地磁场方向的分子。候鸟视线方向和地磁场方向的夹角将影响隐花色素中某些分子自旋态的特性，导致候鸟眼中出现条纹，当它看向不同方向时，眼中的明暗条纹也相应地发生变化（图5.6）。可以看出，候鸟对于地磁场的感知是基于自旋态的量子效应，隐花色素就是这个量子磁传感器的敏感材料。

上一章中我们提到过的NV色心（金刚石中的一种特殊微结构，图5.7），也就是一种十分典型同时也非常具有潜力的量子敏感材料。

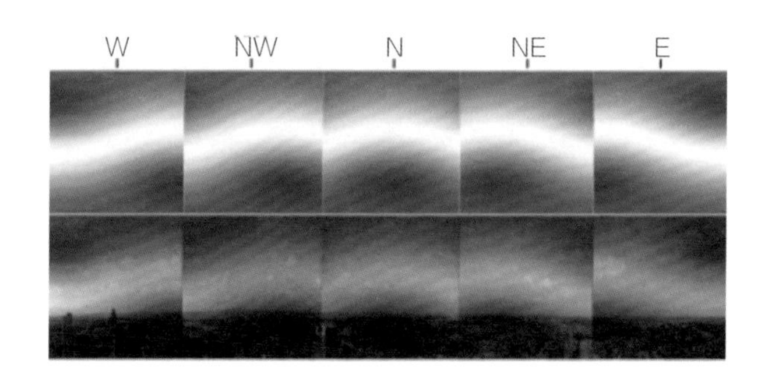

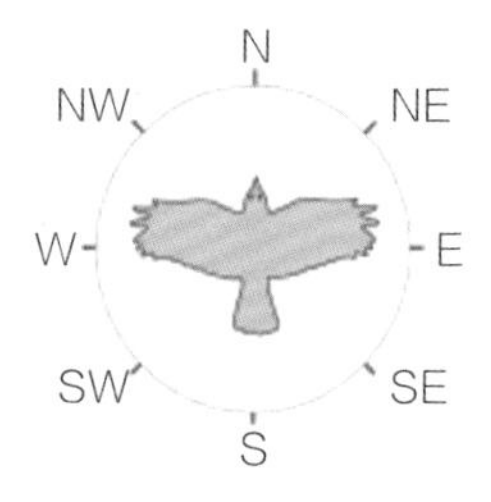

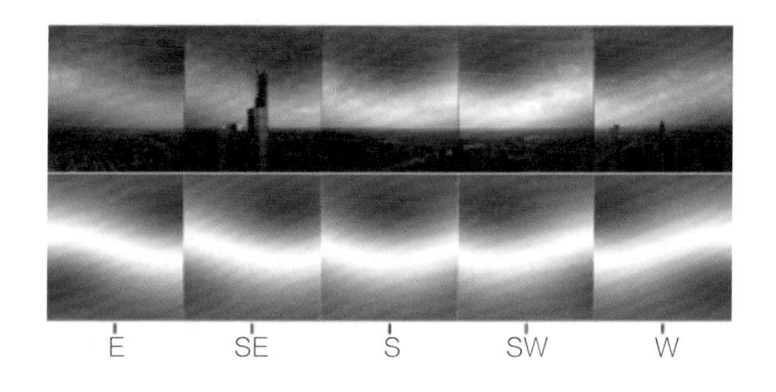

图5.6 候鸟眼中看到的地磁"条纹"。

首先,NV色心在室温、零磁场下具有两个可能的量子态,我们称之为0态和1态。这两个量子态之间的能量差对应2.87吉赫兹的微波能量,并且它们的发光情况不同,我们简单理解为0态发光,

1态不发光。如果NV色心一开始处在0态,那么我们能够观测到发光现象。这时我们将2.87吉赫兹的微波作用在NV色心上,它将从0态被激发至1态,于是不再发光。当外部环境发生变化时,这两个态也会随之变化。例如当外部加了磁场后,1态将会分裂为两个态:+1态和-1态。这两个态与0态之间的能量差也发生了相应的变化,这个变化的多少和磁场的大小有关。比如-1态变为了2.83吉赫兹,+1态变为了2.91吉赫兹。这时2.87吉赫兹的微波已经无法将0态激发到+1态或者-1态,而是分别需要频率为2.91吉赫兹或2.83吉赫兹的微波才能将其激发到不发光的暗态。反过来,我们可以通过不发光的暗态来确定能量差对应的微波频率,而这个频率又和磁场相关。于是,我们通过观测NV色心的发光情况实现了NV色心量子态对磁场的传感。NV色心的量子态不仅受磁场影响,还受到温度、压力等因素的影响。因此,可以通过NV色心这个量子传感器来实现对磁场、温度、压力的感知。如果再引入更为精密的核自旋操控技术,可以实现极其微弱信号的传感。

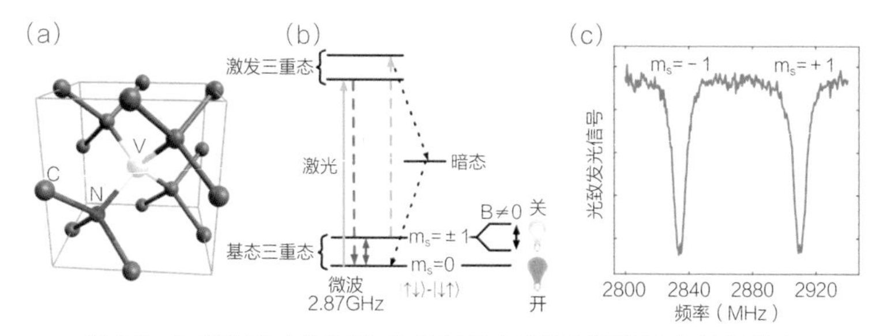

图5.7 (a)NV色心结构图,(b)NV色心量子态能级图,(c)NV色心在磁场下的响应。

NV 色心量子传感器可以实现活细胞内温度和磁场的感知，这为医学研究提供了新的工具。已经有科学家通过将 NV 色心作为温度传感器注入活细胞，来研究温度是如何影响细胞分裂的。也有将 NV 色心作为磁传感器来研究生物体的磁信息，以及用于脑磁图的研究之中。这都是基于 NV 色心的量子效应。

利用激光将铷原子冷却到略高于绝对零度，使其表现出量子效应，当多个原子经过不同路径相遇后，通过原子干涉效应可以实现对重力的传感。地壳下不同的矿藏会使得重力发生细微的变化，基于量子效应的重力传感器精度可比普通重力传感器提升几个数量级，这为地下勘测提供一种非常好的解决方案。

原子钟、核磁共振成像等量子传感技术已经在工程应用中大放异彩。2016 年 8 月 16 日我国发射升空的“墨子号”是专门用于研究量子通信的科学实验卫星。2022 年 5 月，“墨子号”创造了 1200 千米的地表量子态传输新纪录，这一举世瞩目的成果离不开高灵敏度量子传感器的贡献。

量子传感器的超高分辨本领，使其在对高精度有需求的领域大有可为。重力传感器、磁传感器、加速度传感器、转动传感器中都已经渐渐出现了量子传感器的影子。未来是量子科技的时代，也是智能的时代。智能时代离不开量子科技，量子科技也必然是智能时代的核心之一。

第6章
迎接智能时代

6.1 三大支柱

未来已来,将至已至,智能时代在向我们走来!

智能是智力和能力的总称,只有智力没有能力只会是纸上谈兵,只有能力没有智力则是有勇无谋。智能化系统是智能时代的核心。动态感知、智慧识别和自动反应则好比我们五官、大脑和四肢,是实现智能化系统的三大支柱。动态感知和智慧识别反映的是系统的智力,自动反应体现的是系统的能力。

世界是运动的,从而信息是变化的。我们无法从某一时刻的信息中归纳总结出相应的规律,而是需要一段时间内的动态信息才能找出其中的因果关系。就好比通过一张小朋友骑自行车的照片,我们无法判断:他是骑车去上学,还是去公园?是刚从家里出来还是在回家的路上?想要获得准确的答案,就需要我们拍摄一组动态的照片或者一段视频。因此,在信息的感知方面,智能化系统的传感器要像五官一样能够感受动态的信息。从技术上讲，就需要传感器在一定的刷新频率下能够反复地进行感知；同时还需要系统具有存储能力，保存每一次感知到的信息。我们常用的摄像机和录音笔就分别是仿生“眼睛”和“耳朵”动态感知的器件。

传感器探测到的信息中有些是有用的，还有些是无用信息。智能化系统要能通过它的“聪明才智”对信息进行智慧识别。以图像信息为例，我们通过CCD光电传感器拍摄了一段视频，那么如何对视频进行智慧识别呢？

我们看到的视频都是由一帧一帧的图片构成。基于人眼有几十毫秒的视觉暂留效应，当图片刷新足够快时，或者说在视觉暂留时间内显示超过一幅照片时，我们看到的就是一段连贯的动态的视频，而不是一张张分离的照片。在对视频进行智慧识别时，我们需要先用卷积神经网络（Convolutional Neural Network，CNN）对视频里的每一张图片进行识别。其中第一步是对图片信息进行分类，也就是判断这张图的主体是猫、狗、人、车辆还是建筑物等。如果图片中包含了多个主体，可以将大图先划分为多个小图，然后再来分类。比如一张你和小狗的合影，在智能化系统看来就是大量的像素数据。它先把这张照片分为左右两部分，经过分析比对发现，左边的主体是人，右边的主体是狗，那么它就会告诉你，这是一张人和狗的合影。智慧识别的第二步是图像定位或图像检测，也就是给出单个主体或多个主体的位置信息（一般用一个矩形框去标记主体，图6.1）。

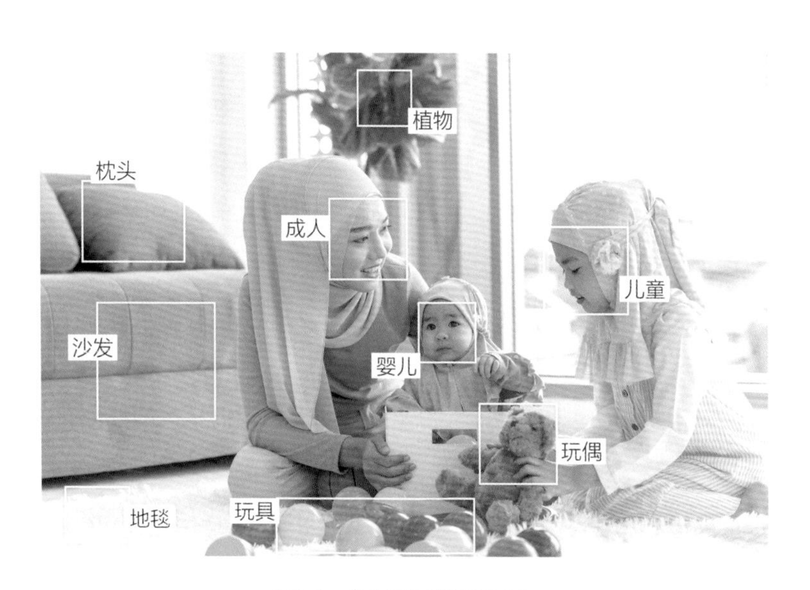

图6.1 多个主体的图像识别。

照片识别完成后，再通过循环神经网络（Recurrent Neural Network，RNN）对时间轴上的图片信息按照先后顺序进行深度分析，就可以得到一个主体在整段视频中的动态信息。简单地说，卷积神经网络是用来处理数据的空间信息，而循环神经网络则是用来分析数据的时间信息，两者的结合实现了对动态信息的智慧识别。进一步，借助识别主体自身的特点和发展规律，我们可以给出相应的预测。

可以看出，智慧识别是对感知到的大量数据进行识别和分析，并给出预判。这里就要靠大数据分析和模型对比,判断出实际情况属于什么过程。这两个核心技术离不开算法模型的建立。模型的好坏直接决定了识别的准确度。为了提高准确度,在建立算法模型时我们要注重数据本身所遵循的物理模型和规律。通过规律发现规律,必将事半功倍。比如,借助流体力学的规律对气象卫星的云图数据进行建模分析,从而实现天气的准确预报;如果你用电磁场的规律来分析云图数据,我想天气预报的收视率一定会降至零点。

对于识别出的有用信息,智能化系统需要给出相应的反馈,这就是自动反应。随着信息平台、芯片设计和通信技术的发展,自动反应的能力也在变得越来越强,速度也越来越快。

因为系统所处的环境和应用方向不同,反馈的形式也多种多样,目前有电信号反馈、光信号反馈、声音反馈和机械反馈等方式。比如机器人的运动就属于机械式的反馈,而不同功能的机器人的机械动力方式也有差别。对于精度要求高、负载小的机器人可以采用电动动力系统,而对于那些负载大的工业机器人,则需要用到液压动力系统。

如果你用心观察,智能化系统已经出现在了我们身边。当你对着苹果手机说:“嘿,Siri。天气如何?”手机马上会回答你:“目前有雨,气温8摄氏度……”这是一个简单的智能化系统。手机的麦克风动态感知了“嘿,Siri。天气如何?”这句话的音频振动,并将一串电信号传给了手机的中央处理器。手机的“大脑”先智慧识别出了“嘿,Siri”,从而知道有人在叫它,并判断出后面的信息应该是说给它听的。接着,系统智慧识别出了是在询问天气情况。然后,它通过WIFI或者5G网络上网查询当下的天气,并通过扬声器自动反馈给你。从麦克风的动态感知,到处理器的智慧识别,再到最后扬声器的自动反应,组成了一个智能化的手机系统。

已具雏形的自动驾驶是当下备受关注的智能化系统。汽车的雷达动态感知着周围的情况,汽车的中央处理器从动态感知到的信息中智慧识别出车道、行人、车辆、建筑和路标等主体,以及这些主体的位置和运动轨迹,然后借助“智慧”对这些主体后续出现的位置进行预测。同时,结合速度、方向等传感器提供的车辆行驶参数,自动调节油门和方向盘来保持车道,从而不偏离行驶路线。如果预判有危险发生,将立即采取措施,自动启动液压控制系统进行刹车。目前的自动驾驶还处在第二级别,只能算是辅助驾驶。而第四级的自动驾驶和第五级的无人驾驶才是未来发展的目标。到时候,只需要告诉汽车想要去的地址,你就可以做其他事情了,可以看书、看电影、聊天,甚至是睡觉。放心,汽车会自动行驶到预设的目的地。这种智能化系统的实现,需要更加灵敏、高速的传感器来感知环境;更加“聪明”的处理器来给出更快、更安全可靠的识别和预判,并发号施令来控制汽车的行驶状态;更稳定的控制系统来进行自动反应;另外还需要更加快速的网络来收发信息,比如发送实时位置和接收路况、天气信息等。这样才能在最大程度上保证行驶的安全,从而能够将我们安全地送达目的地。

机器人的能力也随着智能化系统的发展大幅提高。例如会打乒乓球的机器人,就是一个典型的智能化系统。首先,它要看得见乒乓球的运动,也就是对乒乓球进行动态感知;其次,它能预判这个乒乓球弹起来以后的运动轨迹和速度,即智慧识别乒乓球并进行预判;最后,它能挥动球拍,用适当的力度和角度把乒乓球有效地击打回去,这属于自动反应。

动态感知、智慧识别和自动反应支撑着智能化系统的发展,加速着智能时代的到来。

6.2 信息地基

智能化系统的三大支柱——动态感知、智慧识别和自动反应——都离不开信息。动态感知是获取和传递信息,以供系统进行智慧识别,自动反应则是接受并执行智能化系统发出的信息。可以说,信息就是三大支柱的基础,是智能化系统的地基。

智能化系统中用于智慧分析的"智力"是通过对大量信息进行深度学习培养出来的。谷歌公司开发的阿尔法围棋(AlphaGo)是人工智能发展史上的标志性成果。它让大众觉得人工智能在某些方面可以比人更加聪明,人类智慧的优越感受到了冲击。AlphaGo对上百万围棋专家的棋谱进行了深度学习。这上百万棋谱里的每一局,每一步,每一次落子,都是AlphaGo学习的信息。随着学习的样本越来越多,AlphaGo的围棋水平也越来越高。最终,它通过"自学成才",成为了世界第一。我们可以从中看到信息的重要性,如果没有这些信息样本,AlphaGo就无从学习。

图形识别最开始是简单的分类识别。比如,让电脑自动分辨照片里的动物是不是一只狗。我们需要先使用大量狗的照片来进行模型的训练,样本越多,训练出来的模型越准确,最终识别的正确率也就越高。互联网为获得大量的信息样本提供了便利,我们不需要自己去拍摄成千上万张照片,网络中早已储备好了不计其数的样本信息。

当你挑选好商品,打开手机微信准备付款时,会跳出一个人脸识别支付的界面,你不需要手动输入付款密码,只需要靠刷脸就能够完成支付过程,非常方便。还有很多软件也用到了人脸识别功能。但不管使用的是什么软件,当我们开启人脸功能时,就必须完成人脸录入这一步。对着前置摄像头,将面部放入一个指引框内,面容录入界面会提醒你向左转动头部,向右转动头部。这些动作是为了录入更加全面的面容信息。当我们刷脸验证时,有时候验证界面要求你眨眨眼睛,有的时候屏幕还会变换不同的颜色,这是为了检测是否是活体在进行操作。如果有人想用照片来骗过面容识别系统，会由于照片无法眨眼而宣布失败。变换颜色的炫彩活体技术则是借助人的皮肤对各种颜色光的反射与屏幕、纸张等对各种颜色光的反射不同来进行活体检测。

我们通过人工智能对人像的五官进行识别和定位，然后可以选择性地改变或更换其中的某些部位。可以在嘴巴旁边加入猫的胡子信息；可以在头顶加上兔子耳朵的信息；那么你就成了一个长着兔子耳朵和留着猫胡子的“怪物”。很多美图软件都有这样的趣味功能。我们还可以把眼睛所占空间的位置信息变大，从而达到眼睛的放大效果。可以看出，只要我们掌握了五官的相关信息，就可以请人工智能帮我们来“美图”了。

随着信息的复杂程度和数量的剧增，在我们日常用到的智能终端（手机、平板电脑、电脑等）里存储和分析所有的信息变得不再现实。还好，有互联网帮我们连接到云端，在云的世界里，这些都不叫事儿。我们可以在云端进行存储，百度网盘就是一个典型的云存储产品。我们还可以在云端计算，借助云的强大性能来实现对复杂信息的处理。在新冠疫情时代，健康码是人们出行的必备之物。有时为了获取健康码，需要对人脸进行识别。这时，手机先对我们的面部进行感知，然后传给云端进行计算分析，再和云里存储的包含你面部信息的大数据进行比对，当确定是本人无疑后，才将属于你的健康码发送给手机。可以看出，有了云，手机也变得更加智能起来。

人工智能的训练过程和分析过程都离不开样本提供的信息。我们单个终端的能力已经远远不能满足信息爆炸时代的需求。因此，我们会把信息放在云里，积土为山，积水为海，积信息为大数据。有了云计算和大数据，人工智能的“智力”有了明显的提升。云计算和大数据成就了人工智能。

物联网将云计算和大数据的功能发挥到了极致。每一个物品都有传感器感知信息，再通过网络互相联系起来。所有物品的信息构成了大数据，对于每一个物品信息的分析和处理用到了云计算。如果没有大数据的海量和云计算的超能力，真正万物互联的物联网将无法实现。

信息的获取、信息的存储、信息的处理、信息的反馈，都是人工智能的关键因素。信息自然也就成为了智能化系统的基石。

6.3 人工智能和智能机器人

人工智能就是人为创造出来的智能，研究人工智能则是要通过研究、开发相关理论和技术来模拟、延伸和扩展人类智能，其核心是通过软件或者硬件的方式来实现人的认知、人的思维和人的能力。语音识别、图像识别、自然语言处理、智能机器人等，都属于人工智能范畴。

现在的大部分手机、智能音箱都具备了语音识别的智能，你并不需要通过按键来进行操控，而是只需说出“增大音量”“播放下一首歌曲”等命令即可。这样的智能音箱是否“听话”，完全取决于它的语音识别能力。

我们用手机拍摄人物时，通常会用到人像模式。这是一种通过背景虚化来突出人物的拍照方式。这种效果本来只应出现在单反相机和大光圈镜头的组合下。小小的手机摄像头在硬件上是无法实现这一虚化效果的。硬件不够，软件来补。手机通过人工智能对照片里人的位置进行识别，然后通过软件来模糊背景，最终到达了突出人像的效果。大疆无人机的黑科技“手势控制”和“智能跟随”功能，都是基于图像识别做出的相应操作。特别是智能跟随，当你选定需要跟随的主体后，无人机将通过自动驾驶，智能跟随着主体飞行。时而飞在前面，时而飞在后方，时而绕着主体转圈，实现多角度、多方位的拍摄。

前面提到的AlphaGo通过对上百万盘围棋棋局的深度学习，最终学有所成，在2017年5月中国乌镇围棋峰会上，以3比0战胜了围棋世界排名第一的棋手，代表着人工智能的围棋水平超过了人类。

具有智能的机器人已经普遍用于各行各业之中，在工业、日常生活、军事上都有很多用处。物流公司无人仓的分拣机器人（图6.2），可以自动地分拣和运送货物，效率远高于人工分拣，并且除了充电以外，可以全天无休、全年无休地工作。在一些区域，物流公司也开始试点物流机器人，将包裹通过无人驾驶的货车送到指定的地方。然后小车会自动发一条短信给你，你就可以下楼取快递了。在一些餐厅里，我们能够见到机器人服务员在为我们送上美味的菜肴。用机器人代替人来工作，可以大大减少人力成本，提高工作效率和产品质量。还有一点也很重要，那就是可以代替人们去做一些高危险性的工作，大大提高了安全性。

图6.2　分拣机器人。

位于德国慕尼黑的宝马汽车工厂有5000名员工，其中1000名是机器人，除了从事装配工艺外，还在从事一些环境不友好的岗位。比如喷油漆，这是一项危害人身健康的工作。但是机器人不怕油漆散发出的有害气体，可以非常高效地完成这一工序（图 6.3）。同时，机器人的精度高、稳定性好，所以喷漆质量也很好。机器人现在发展得很快，不管是哪种类型的机器人，里面都涉及了传感器、智能分析和实时反应。

图6.3 汽车工厂里的机器臂正在喷漆。

波士顿动力公司是当下机器人公司中的翘楚。通过35年的积累，波士顿动力的机器人从1990年左右开始实现简单行走，到2010年左右在复杂路况下也能如履平地，再到今天可以为大家带来一段舞蹈、表演一套体操，或者展示一次跑酷。机器人之间也实现了相互通信，从而具备了协同合作的能力，以至于从开始的独舞，发展到了现在可以给我们带来一段优美的群舞，或通过团队合作来完成一项复杂的任务。除了配备有常规的传感器之外，我们也可以按照任务的需求，给它们装备上特定的传感器，这样机器人或机器狗就拥有了不同的能力。特别是在一些危险系数较高的环境中，它们能够代替人们去采集信息和实施操作。比如在高电压的环境中，装备了光学传感器的机器狗可以代替人来检测设备的压力、流量、温度等各项参数,并通过这些参数来判断设备的运行情况是否良好(图6.4)。它们还能对拍摄的图像进行智能分析,从而识别出环境是否正常,有没有存在漏电等安全隐患。我们还可以在机器人身上集成独特的外部硬件,比如能够看到红外光的“眼睛”,这样就可以通过热像来检测系统是否存在短路引起的不正常热点。

图6.4 机器狗进行高压电力设备的检查。

人工智能的发展水平决定了我们处于智能时代的哪个阶段。传感器的能力则决定了人工智能的水平。软智能的识别能力是逐步培养出来的,是通过学习传感器感知到的图片、声音等样本信息来提升自己的智力。样本的信息越多,越全面,学出来的能力就越强。硬智能的机器人则需要更多种类、更强功能的传感器来更加快速、准确和全面地感知信息,从而能保证机器人做出更加敏捷和正确的反应。

6.4 智慧地球

2008年11月IBM公司提出了“智慧地球”概念，这个美好的愿景是由物联化（Instrumentation）、互联化（Interconnectedness）和智能化（Intelligence）三个“I”驱动，具体表现为互联网和物联网的结合。随着科技的发展，“智慧地球”的意义也更加广泛，有智慧海陆空、智慧能源、智慧城市，等等。

就在写作本章节的同时，我国长征四号丙运载火箭将陆地探测一号01组A星（L-SAR 01A）成功地送入了轨道。这颗用来探测陆地的卫星具备多种成像模式，最高分辨率3米，最大观测幅宽可达400千米。卫星工作在1—2吉赫兹波段，该波段在植被区具有很好的穿透能力。仅仅在一个月后，2022年2月27日，陆地探测一号01组B星也被顺利送入预定的轨道。这两颗卫星都搭载了中国科学院上海技术物理研究所研制的双圆锥扫描式红外地球敏感器。B星将与A星实现在轨组网，为地质灾害、土地调查、地震评估、防灾减灾、基础测绘、林业调查等领域提供强有力的空间技术支撑。同时，它们能够提高我国对重大灾害的预防和反应能力，特别是当灾害发生在那些条件复杂、地形险峻或是因为灾害导致无法到达的地区时。

除了用来探测陆地资源的陆地卫星之外,还有用于探测海洋资源的海洋探测卫星。陆地探测卫星和海洋探测卫星都属于地球资源卫星,是用来研究地球上的各种资源和自然环境动态变化的遥感卫星。

2021年5月19日,海洋二号D卫星由长征四号乙运载火箭送入轨道,与海洋二号B卫星和海洋二号C卫星形成三星组网。海洋探测卫星主要是用于探测海面温度、海风、海浪、洋流等数据,以及水色环境、污染物等情况。

当我们扬帆远航时,会在大海中看到海洋浮标,这些孤独的海上哨兵身上搭载了多种传感器,其水上部分的传感器用来测量气压、气温、湿度,水下部分的传感器则用于对波浪、海流、水温、盐度以及水质等水文要素进行感知。通过这些传感器,我们可以对大海深处的情况了如指掌。航天遥感和海洋浮标的组合能够传感给我们大气和海水的实时信息。它们有一项非常重要的功能,就是能够和气象卫星一起,对台风的强度和路径进行精准的预测。

介绍完感知“海”和“陆”的海洋探测卫星和陆地探测卫星,接下来隆重登场的就是用来探测“空”的风云系列气象卫星。2021年6月初,长征三号乙运载火箭成功将风云四号B星送入预定轨道。与2016年底开始“上岗”的风云四号A星组网后,大幅提升了天气预报的准确率,以及对高温、寒潮、干旱、暴雨、台风、沙尘暴等灾害的预警能力。论能力，风云四号在国际上都是佼佼者。它配备了中科院上海技术物理研究所自主研发的多波段红外探测器，不管是在白天还是黑夜，都可以目不转睛地注视着地球。更厉害的是，它可以对大气做断层扫描，也就是大气每一层每一个空间位置的温度、湿度都可以探测出来，就好像是给大气做了一个CT检查。这项绝技在国际上可以至少领先五年。在风云系列卫星的帮助下，天气预报可以精确到几点开始下雨，灾害预警可以准确地给出台风的强度以及登陆的位置和时间。

我们通过遥感卫星在陆海空三个维度实时关注着地球，就好像给地球戴上了一块“智能手表”，时刻关注着地球的健康。

能源是人类发展中一个永恒的话题。从热力学定律发展出的热电，由质能方程得到的核电，以及太阳能、风能等绿色能源，都将重心放在如何获取能源上。如何提高太阳能发电的效率？如何使用潮汐发电？这些都是目前能源发展中大家最为关心的问题。俗话说，开源节流，我们不妨换一个角度，从节流出发来思考能源问题，即如何实现高效率的能源传输和分配，这是节约能源非常重要的方式。楼道里的声控路灯或家里的人体感应小夜灯，就是给普通的光源配备上声学传感器或红外传感器，从而可以“听到”或“看到”是否有人从旁边经过，然后决定是否需要开灯照明。这就比之前常亮的状态“聪明”了不少，同时也更加节能。进一步，我们给电网配上“大脑”，让它能够智能地对电源、电网、负荷与储能这四部分进行协调管理。更进一步,我们还可以将电能、热能、天然气等不同的能源形式联合起来,再通过一个具有“智慧”的“管理者”来对能源的利用、开发、生产、消费等环节进行组织、平衡和分配。通过智慧能源,我们能实现对能源的整体协调管理,也能有效地降低环境污染,为我国2030年碳达峰(二氧化碳排放量达到峰值)和2060年碳中和(通过植树造林等方式来中和掉释放出的二氧化碳)的目标提供重要支撑。智慧的管理可以使得能源使用变得更加安全、清洁和经济。国家发改委2016年针对智慧能源的发展提出了推动可再生能源生产智能化,推进化石能源生产清洁高效智能化,推动集中式与分布式储能协同发展,加快推进能源消费智能化等指导意见。国务院2022年1月12日印发的《“十四五”数字经济发展规划》强调要“加快推动智慧能源建设应用,促进能源生产、运输、消费等各环节智能化升级,推动能源行业低碳转型”。可以看出,智慧能源已经成为了国之大计。

智慧实现的必要条件是提供信息来进行处理、分析,然后给出反馈。就好比不管一个人有多聪明,你如果不给他提供任何信息,那么他的才华将无法展现出来。我们通过传感器对能源从生产到消费各个环节中的信息进行感知,再通过互联网将这些信息送入“大脑”。通过对这些信息进行分析,“大脑”以优化结构和高效节能为指导方针,给出在能源生产和消费过程中科学合理的执行方案,从而实现能源的自平衡和自优化的智慧管理。

智慧城市(图6.5)是智能地球的主要表现形式之一。如果想把一个城市建设成为智慧城市,需要具备四层架构:感知层、互联层、分析层和反应层,包括了城市综合管理、交通物流贸易、能源环境安全、医疗文化教育和城市社区安居五大方面,是一个复杂的相互关联、相互作用的综合系统。智慧城市具有两个核心的技术,一个是通过传感器芯片实现的实时感知技术,另一个是通过模型和大数据实现的智慧分析系统。智慧城市代表着物联网和大数据分析的顶级融合。比如,可以通过一块智能手表或是一件可穿戴设备实时获取心脏的信息,一旦发现心电图有异样,马上发送给智慧中心进行分析,并按照智慧中心的指令采取相应的措施,这就是智慧城市带来的智慧医疗。

图6.5　智慧城市。

智慧家庭是以家庭为单位,服务于家庭成员的居家生活,是智慧城市的最小组成单元。小米公司就推出了一系列智能家用电器,比如智能台灯、智能窗帘、智能电压力锅、智能电视等。我们通过网络将这些智能家电互联,再借助智能手机来对它们进行操控。这样的远程控制并不能算是真正意义上的智慧家庭,最多只能算是具备了智慧家庭的硬件基础,还需要一颗智慧的"大脑"来管理这些智能家电,就好比聘请一个虚拟的"管家"为你服务。当空气干燥时,管家打开加湿器来补充水分。当你快要回家时,管家打开智能空调来营造一个舒适的环境。管家会参考你的体检报告,来智能调节你的饮食起居。管家还会通过智能马桶来收集你的体液信息,并上传至智慧城市的智慧医疗中心。虚拟管家和智能家电组成的智慧家庭将让我们的生活更加便利、舒适、安全和健康。

物联网是实现智慧城市的重要基础。我们通过电商购买了一件商品,接下来就可以查看该商品现在处于什么状态——是否已经出库,是否被物流揽收。然后我们还能实时了解该包裹的位置距离你还有多远。最后派送人员拿着你的快递上门时,你也能看到他现在已经到了小区的哪个位置。这都要归功于你购买的这件商品有自己的编码,并且一直保持着"在线"的状态。这是一个简易版的物联网,我们从中已经感受到了物联网带来的便利。当我们借助传感器和通信模块实现万物互联时,就能够实时观测想要了解的"物",从而达到对物品和相应过程的智能感知,这时的地球必定是一个智慧的地球。

我国“十二五”重大科技基础设施建设项目“地球系统数值模拟装置”(Earth System Numerical Simulation Facility)目前已完成建设,将持续性研究地球各个系统的物理、化学过程及其相互作用,以及这些作用对地球和我国的影响。这个“数字地球”是整个地球的数字复制品,可以促进对物理环境、自然环境和人类社会之间多种关系的共同理解。当然,想要复制地球,就需要不断更新来自传感器的各项数据。

智慧地球是人类的愿景,我们也坚信智慧地球一定能带来更好的未来。

6.5 智能时代展望

我们现在处在第三次工业革命高度发展的时期,也是智能时代开启的时候。智能时代的特点是将智慧融入物理实体之中。智能时代的总趋势就是智能化,它的技术发展方向有五个方面:

1. 智能化低碳技术、能源互联网、分布式能源系统;

2. 智能化复杂体系、人工智能、智慧地球;

3. 智能化制造技术、先进材料、极端制造;

4. 智能化诊断、修复技术、智慧医疗；

5. 传统工业智能化升级。

在这五点中，前两点非常重要。发展低碳技术，有助于我们实现"双碳"（碳达峰和碳中和）目标。低碳技术也能有效地解决能源环境问题，从而实现人类的可持续发展。虽然化石能源越来越少，但是全球的太阳能资源还是非常丰富的。假如对太阳能的利用效率为15%，那么只需要将13万平方千米土地（大约等于我国荒漠区土地面积的5%）上的太阳能进行转化，就可以满足全国一年的能源需求。太阳能技术不仅包括光伏、光热、光化学、光生物等能源的转换，还要考虑能源的利用效率，这就需要发展智能化的分布式能源系统和能源互联网技术。可以看出，低碳技术在我们这个时代尤为重要。

人工智能涉及的范围非常广泛，在很多方面都有体现。嫦娥三号的激光雷达，北京冬季奥运会上的机器人，快递包裹的自动分拣系统、无人驾驶汽车等都需要用到人工智能。而智慧地球指的是互联网加物联网，也就是把所有物品通过信息传感设备与互联网相连，进行智能化的识别和管理。智慧地球有三大基础技术，那就是互联网、物联网、大数据和云计算。智慧地球的重要领域是智慧城市。在技术层面，智慧城市至少应该有感知层、互联层、分析层、反应层四层架构。它是以互联网、物联网、电信网、广播电视网、无线宽带网等网络组合为基础，以智慧技术高度集成、智慧产业高端发展、智慧服务高效便民为主要特征的城市发展新模式。

智能时代的我们应该更能体会到基础研究的重要性。基础研究是历次工业革命的科学源泉，又在历次工业革命中得以发展。基础研究将推动第四次工业革命发展，将在智能时代背景中催生新发现、新技术。我们也将按着科学—技术—科学—技术的规律发展下去。

智能时代对于现有的制造业必然会有一定的影响。随着工业机器人、3D打印、数字化工厂的出现，部分人工被取代，劳动力成本占总成本的比例不断减小，制造业将逐渐从传统模式迈向智能模式。虽然很多制造行业将面临危机，但也促进了人工智能相关制造业的发展。共享经济会促进分布生产模式的出现，也就是智慧工厂和互联网工厂。与此同时，随着再生能源技术、储能技术、智能电网技术、新能源技术、传感技术、分析技术、物联网技术的发展创新，生产和生活将变得绿色环保。

制造业转化的趋势，有以下五点：

原来主要是靠资源和投资驱动发展，现在是靠技术进步；

原来是生产能力的扩张，现在是技术能力的积累；

原来是生产型的制造，现在是向服务型的制造发展；

原来是处在制造业价值链的低端，现在是向价值链的高端发展；

原来是挤压环境，现在是环境友好型。

我们正在从信息化时代跨入智能化时代。这个时期会发生思想、理念和技术的跃迁。这个时期既发展迅速又充满机遇。因此，我们一定要好好把握这样的机会，做好充分的准备迎接智能化时代的到来。

当前，我国把科技创新摆在十分重要的位置，2016年中共中央、国务院印发的《国家创新驱动发展战略纲要》提出了“三步走”的目标：2020年进入创新型国家行列，2030年跻身创新型国家前列，2050年建成世界科技创新强国。近年来，一大批国之重器——天宫、蛟龙、天眼、悟空、墨子、大飞机等——相继问世。

为抓住新一轮科技革命和产业变革的重大机遇，全球各主要经济体也纷纷制定了相应的战略。美国的经济复苏计划和未来计划，希望依靠科学技术开辟能源独立的新路径。欧盟的“地平线2020”规划有三大战略目标：一是提高欧洲基础学科的研究水平；二是成为全球工业的领袖，在科研创新方面成长为更具吸引力的投资地区；三是应对社会的挑战，解决欧洲或其他地区公民共同关注的问题。德国的“2020高技术战略”,确立了气候、能源、卫生、交通、安全和通信五个主导领域,营造创新友好的环境。日本明确提出以“结构改革促经济发展”的方式来解决危机,支持清洁能源、节能技术,促进能源结构转型,保持在节能方面的优势地位。这些计划都有一些共同点:明确提出重点发展领域,以培养未来竞争优势;对未来技术开展系统性研究和技术预见,提出关键技术领域,引导合作研发;制定明确的社会发展目标,总体考核相关领域的科技发展绩效;通过技术预见引导、社会考核标准督促、多方合作研发共同构建新工业革命在关键技术和重点产业方面的发展框架;这些都值得我国借鉴。

我国政府也应该采取相应的应对措施,如:做好推进新工业革命的顶层设计;积极投资新工业革命所需的重要基础设施;培育创新环境,推动技术创新浪潮;构建未来产业培育体系,引导产业创新;推动适应新工业革命所需的机制体制建设。同时,也要构建适应科技发展新特征的科技创新体系:走通“科学规律”—“核心技术”—“产业发展”的三部曲,加强应用基础研究和核心技术研发,实施知识产权战略;加强实验室成果的中试研发,企业提早介入,政府分担风险;加强产学研合作,政府引导和支持建立产学研联合实验室、联合研发中心;提高企业的自主创新意识,增强自主创新能力。

最后,我们借用老子和庄子的话来描述科学规律和技术的关系:

"有道无术,术尚可求。有术无道,止于术。"

"以道驭术,术必成。离道之术,术必衰。"

后 记

培养飞翔的潜能

少年强则国强，少年科技则国科技！

我想这本书的读者会有一部分是中学生或大学生。所以，这本书在向你们科普知识的同时，也希望传授给你们如何培育飞翔的潜能。让我们先从发明与发现的关系了解创造力的重要性，再看看我们要如何才能成为创新型人才。

发明与发现

人类对于自然的探索是一个不断发现的过程，每一次重大发现都会孵化出众多发明创造，每一项发明创造也在孕育着下一个重大发现。人类的科技文明就是在发现和发明的推动中不断前进的。

有些发现是科学家们通过大量事实归纳总结出来的规律，有些发现是科学家们大开脑洞后的一个思想实验，还有些发现是科学家在笔记本上写下的一个公式。

为了寻找热学现象的本质，人们通过大量实验来寻找气体的压强、体积和温度这三者之间的关系。罗伯特·玻意耳(Robert Boyle)和埃德姆·马略特(Edme Mariotte)发现了在恒定温度的条件下，理想气体的体积和压强成反比；查理(Jacques-Alexandre-César Charles)发现了在体积不变的情况下，理想气体的压强与热力学温度(数值上等于我们平时常用的摄氏温度加上273.16)成正比；盖—吕萨克(Joseph Louis Gay-Lussac)则发现了当气体的压强保持不变时，它的体积与热力学温度成正比。从这些发现中，总结出了理想气体的物态方程。结合能量守恒这一基本准则，我们可以得出热力学系统的内能、功和热量之间可以相互转换，并且在转换过程中保持守恒，这也就是热力学第一定律。在此基础上，发展出了热力学循环，从而保证了热和功的相互转换可以持续进行下去。例如，基于奥托循环，德国工程师尼古劳斯·奥托(Nicolaus Otto)发明制造出了最早的四冲程活塞式汽油内燃机。法国科学家尼古拉·卡诺(Nicolas Carnot)提出的卡诺循环是热力学的基础。热力学规律的发现、蒸汽机和发动机的发明，推动着人类社会进入了第一次工业革命。18世纪，第一次工业革命起源于英国，以机械化为特征。当时先有蒸汽机，随着技术和性能的不断提高，机器生产取代手工劳动，整个世界开始进入机械化时代。进而，生产力得到解放和发展，出现了拥有资产的阶层，改变了整个世界的面貌。劳动力从农村走向城市，开始了城市化的进程。

电荷是一切电现象的根源，电荷的运动则是一切磁现象的起源，这一发现将电和磁统一了起来。进一步人们还发现了变化的电场能够产生磁场，变化的磁场也能激发出电场。在电磁感应的基础上，科学家预言并发现了电磁波的存在。基于以上发现，人们发明出了发电机（机械运动转变为电）、电动机（电转变为机械运动）、电灯（电转变为光）、电话（电转变为声）……这些发明带领着人们进入了电气时代，开启了第二次工业革命的大门。19世纪，第二次工业革命以电气化为特征。在当时，美、德两国处于领先地位，电力的广泛应用及石油的大量开采，将科学技术的成就循序渐进地运用到了生产中，进一步解放了体力劳动，推动了世界经济的迅速增长，改变了人民的生活方式。相继完成第二次工业革命的美、德、英、法、日等国家进入帝国主义阶段。第二次工业革命加强了世界的联系，同时也带来了环境的污染。

当实验所需的条件无法满足时，科学家可以通过思考来完成“思想实验”。当然，这里的思考并不是异想天开、胡思乱想，而是在严格遵循基本准则和完全符合逻辑的情况下进行推导。爱因斯坦通过著名的“闪电和火车”思想实验直接推翻了“时间是绝对的”这一观点，得出了同时性的相对性。站台上的一名男子看到两束闪电同时击中他左右两边同样远的两个点，这时一列火车匀速行驶而来，火车上一名女子正好经过站台上男子的身边，那么这名女乘客看到的这两束闪电是否同时击中地面呢？因为闪电的光传到她的眼睛需要一定的时间，而这段时间内火车也载着女子继续匀速前进，所以当两束闪电发出的光到达女子时，传播过的距离就不再相等，也就是女乘客看到的两束闪光是先后发生的。在站台上男子的眼里同时发生的两件事情，到了火车上女子的眼里并不是同时发生的，这就是同时性的相对性。在此基础上，爱因斯坦进一步得出了时间是相对的这一结论。

牛顿第二定律告诉我们，物体获得的加速度和受力成正比，质量就是这里的比例系数。按照这个定律，只要物体一直受力，必然会加速到光速，甚至超过光速。这和实验事实所得到的真空中的光速为极限速度相违背。爱因斯坦又设计了一个思想实验，得出了质量和速度有关这一结论。当运动的速度越快时，相应的质量也就越大。也许你这时会说，我在高铁上并没有感觉到时间的相对性，也没有觉得身上的背包变重了呀。这都是因为光速实在是太快了，高铁的速度和光速相比差了六个数量级。如果你对六个数量级的差别没什么概念，那么我们可以做一个简单的类比，假设有一种飞行器的速度是现在的飞机速度的10倍（是复兴号高铁速度的20倍），也就是人们只用一个小时就可以从中国飞到美国，当我们把这个速度比作光速，那么高铁的速度大概就是蜗牛爬行的速度。因此现实中高铁的速度所引起的时间变化和质量变化太小了，小到我们根本就无法察觉。

在爱因斯坦的相对时空中，能量又该如何描述呢？通过一系列的推导，爱因斯坦在他的草稿本上写下了著名的质能方程，将能量和质量画上了等号。如果质量有损失，它将以能量的形式释放出来。这一发现开启了原子能的时代。再加上计算机的发明、航空航天技术的发展，人们迎来了第三次工业革命。20世纪中叶，开始了以信息化为特征的第三次工业革命。从科学发现出发到技术发明再到科学发现，通过原子物理、量子力学、固体物理、现代光学和半导体物理等学科的科学规律的发现，我们在半导体晶体管、集成电路、激光、光纤、电磁波、巨磁阻效应等方面得到了飞跃性的技术发展，进而促进了电子技术、微电子技术、原子能技术、光学技术、新材料技术、信息技术等一系列新兴产业的兴起。各种功能传感器的问世开启了自动化、信息化的时代，极大地改变了人们的生活方式。

可以看出，科学技术在推动生产力发展的进程中起到了越来越重要的作用。工业革命是在技术发明和科学发现的交叉推动下进行的。科学的发现推动着技术的发明，发明出来的技术进一步转化为应用，当应用不能满足进一步的需求时，就对技术提出了新的要求，技术为了要解决这一问题，又会想办法从科学发现上来寻找解决的方案，以此循环。

温度计的发明使我们可以对温度进行标定，从而有了后续热力学定律的发现。电流计等电学测量器件的发明，为我们研究电磁规律，发现电磁感应现象提供了前提条件。基于迈克耳孙干涉仪这项发明设计出的激光干涉引力波天文台（LIGO），发现了引力波的存在。

种类繁多的传感器是科学发现结出的硕果。基于光电效应的发现，开发出了各式各样的光电传感器；电磁感应现象的发现带来了线圈式声学传感器；压电效应的发现发展出了压力传感器；在霍尔效应发现的基础上，设计出了磁传感器……每一个传感器的发明都离不开相关物理定律的发现，而每一个传感器的发明也孕育着下一个新的发现。

发现推动新发明,发明促进新发现!

成为创新型人才

不管你是在科研院所、高等学校,还是高科技公司;不管你是科学家、工程师,还是学生,创新能力都至关重要。人是创新的主体,因此个人创新能力的培养是当下的首要任务。下面五条经验是创新型人才的共性,分享给大家。

第一,要遵循客观规律,同时要善于发现新规律、新现象。在此基础上开发新的技术,最终争取发展到实际应用中。

第二,要修炼内在的素质。要勤奋,有好奇心,有创新精神。切记不要浮躁,要循序渐进,做一个有远大志向的人。

第三,要凝聚驱动的力量。兴趣是最好的驱动力,爱因斯坦说过:"兴趣是最好的老师",只有对所做之事产生兴趣才能做得更好。

第四,要有使命感、责任感。实现中华民族伟大复兴是每一个中国人的责任。

第五,要培养追求极致的精神,就是要精益求精、一丝不苟。

改革开放40多年以来，中国发展得很快，GDP也达到了世界前列，科技水平、工业水平、人民生活水平都大大提高。同时我们现在也进入了智能时代，融入新时代的潮流里。

中国的GDP总量排全球第二，而我们人均GDP却很低。我们既要看到GDP总量的成绩，也要看到人均很低的不足。2016年召开的科技三会（全国科技创新大会、两院院士大会、中国科协全国代表大会）中，习近平总书记提出“把科技创新摆在更加重要位置，吹响建设世界科技强国的号角”。我们要建设富强、民主、文明、和谐、美丽的社会主义现代化强国，一定要是一个世界科技强国。这是科技工作者的责任，更是中国少年的责任。现在我们有的方面发展得很好，有世界领先水平的天宫、蛟龙、悟空、墨子等科技重器。我们的嫦娥三号在登月的下降过程中，发现下面不够平坦，无法安全着陆。于是嫦娥三号马上移动了几十米，实现了成功登月。这要归功于我们先进的激光雷达技术。再看我们的墨子号，在卫星上要把两个纠缠光子送到地面上相距1000多千米的两个地方，相当于你在飞机上把两个硬币扔到地球上的两个储物桶里面去，难度系数非常高。这些例子都说明我们的科学技术在很多方面发展得非常好。但是我们也要看到我们在核心技术上还有很多短板，我们在工艺制造方面也有不足之处。比如轴承工艺，同样两个轴承，德国制造的轴承可转动的时间远远长于中国的轴承。还有圆珠笔笔头的一颗小小“球珠”，中国竟然有一段时间一直依赖进口。很多事情我们能做出来，但就是做不好。所以我们既要做得出，又要做得好，这里面就有一个精益求精、工匠精神的问题。因此，既要看到我们发展、先进、进步的一面，也要看到我们不足的一面。

我们现在的年轻人要培育健康的体魄和心灵，要汲取外界的养料，汲取空气、水分、阳光，要像小草那样顽强，要学习小草那种不断吸取周围水分、空气、阳光，既随和又顽强生长的精神。我们要修炼内在素质，勤劳、刻苦、好奇、正义，目标如一，胸怀大志。

“千淘万漉虽辛苦，吹尽狂沙始到金。”你要得到一点金子，一定要勤奋，千淘万漉，吹尽狂沙。马克思曾经说过：“只有在那崎岖的小路上不畏艰险奋勇攀登的人，才有希望达到光辉的顶点。”习近平总书记说，“幸福都是奋斗出来的”，“要幸福就要奋斗”。这些名言都表达了同一个意思：一定要艰苦奋斗！

李白小时候不用功，到山下玩，看到一个老太太把铁杵磨成绣花针，他很感动，从此开始用功读书，成为了中国历史上最著名的诗人。

少林寺练功房的地面都凹进去了，正是因为少林僧人们练功的时候要蹬地，把地蹬得凹下去了。这不正是“宝剑锋从磨砺出，梅花香自苦寒来”吗？

人在青年时期最富有想象力和创造力。有三分之一的诺贝尔奖获得者获奖都是因为年轻时候的工作。很多就是来自他们的博士论文或后续工作。这就说明年轻人有非常大的创造力，如果加上勤奋工作，就能够做出创新的成果。爱因斯坦1905年26岁的时候提出狭义相对论、光电效应和光的量子理论。之后的广义相对论、引力波，也是他30多岁时建立的。

我们从小要热爱科学，培养科学的素养，拥有善于发现的眼睛。要努力学习，获取扎实的基础知识，培养浓厚的研究兴趣，练就出众的动手能力，养成坚韧的做事态度。

我们还要传承传统美德。中国古代有很多思想巨匠：老子、孔子、庄子、孟子、墨子、孙子、韩非子，等等，他们都有非常好的哲学思想、科学思想、为人之道、处事之道、学问之道。这都是我们要好好传承的文化瑰宝。

我们要得到金子般宝贵的知识；我们更要培养方法，拥有点石成金的手指；我们还要培养一种坚强的精神，塑造金子般闪亮的心灵。我们要勤奋踏实，培养科学精神；我们要渐进积累，实现创新跨越。我们要时刻记住这八个字："勤奋、好奇、渐进、远志"。勤奋就是要刻苦踏实。好奇就是要热爱科学，寻根究底。渐进就是要循序渐进，积累创新。远志就是要树立远大的志向。

我们要培育飞翔的潜能。培育飞翔的潜能有一个秘诀，那就是：练就健康体魄，汲取外界养料，凝聚驱动力量，修炼内在素质，融入时代潮流。

图片来源

图 1.1，4edges；图 1.2，Philip Ronan；图 1.3，视觉中国；图 1.4，Robert A. Rohde；图 1.5，视觉中国；图 1.6，Kose, U.，2018；图 2.1，Singh Jitendra et al., 2016；图 2.2，Radio: NRAO/AUI and M. Bietenholz; NRAO/AUI and J.M. Uson, T. J. Cornwell Infrared: NASA/JPL-Caltech/R. Gehrz (University of Minnesota) Visible: NASA, ESA, J. Hester and A. Loll (Arizona State University) Ultraviolet: NASA/Swift/E. Hoversten, PSU X-ray: NASA/CXC/SAO/F.Seward et al. Gamma: NASA/DOE/Fermi LAT/R. Buehler；图 2.4，Schirripa Spagnolo, G. et al., 2019；图 2.7，NOAA National Severe Storms Laboratory，图 2.9，视觉中国，图 2.10 上，LSLBU；图 2.12，Fehlhaber, K.，2020；图 2.15，NASA/CXC/U.Birmingham/M.Burke et al.；图 2.16，Mitzi Adams；图 2.17，NASA/CXC/SAO/IXPE；图 3.1，视觉中国；图 3.2，视觉中国；图 3.3，ESO/B. Tafreshi；图 3.4，视觉中国；图 3.5，褚君浩；图 3.6，Piotr Baranowski et al., 2012；图 3.7，左上 School of Ecology and Conservation，右上 noumenon，左下 Zach from Gamboa, Panama，右下视觉中国；图 3.8，Pearson Education；图 3.9，大疆创新；图 3.10，褚君浩；图 3.11，国家卫星气象中心；图 3.12，中国气象局、国家卫星气象中心；图 3.13，国家航天局；图 3.14，Walej；图 3.15 左，University of Arizona/NASA；图 3.15 右，NASA；图 3.16，Yung et al., arXiv: 2206.13521；图 3.17，NASA, ESA, CSA, STScI；图 3.18，NASA, ESA, CSA, STScI；图 3.19，NASA, ESA, CSA, STScI；图 3.20，NASA, ESA, CSA, STScI；图 3.21，NASA, ESA, CSA, STScI；图 4.1，OpenStax College de la traducción NBVC127；图 4.2，David A. Yarmolinsky et al., 2009；图 4.3，Guangfen WEI et al., 2020；图 4.4，褚君浩；图 4.5，褚君浩；图 4.6，Patrick Ruch，IBM Research-Zurich；

图 4.7，Mei J et al., 2014；图 4.8，视觉中国；图 5.1，Joel Rodrigues et al., 2018；图 5.2，Der-Hsien Lien and Hiroki Ota, UC-Berkeley；图 5.3，Someya Group Organic Transistor Lab，University of Tokyo；图 5.4，Mobius Bionics；图 5.5，Moortec Semiconductor；图 5.6，Solov'yov IA et al., 2010；图 5.7，David Roy-Guay/Princeton Instruments；图 6.1，视觉中国；图 6.2，视觉中国；图 6.3，视觉中国；图 6.4，Boston Dynamics；图 6.5，视觉中国。